KB269745

가천대,
약술형 논술 합격의
모든 것을 말하다

대표 저자 대치코어컨설팅 한성희 소장

가천대,
약술형 논술 합격의
모든 것을 말하다

대표 저자 **한성희**

수학 저자 **최성실**

3,4,5,6등급 인수도권 마지막 희망

**가천대, 약술형 논술은 철저히
전략을 세워서 준비해야됩니다**

**대치코어컨설팅 한성희 소장이
입시와 전략을 같이 준비드립니다.**

CONTENTS

한성희 소장 논술합격 전략

학교별 전형 소개

약술형 논술 모의고사

약술형 논술 학교 선발인원

학교	모집인원	내신반영	수능최저	고사과목	특이사항
가천대	1036명	X	1개 3	국/수	최다모집인원(간호학과0)
강남대	359명	20%	X	?	26학년도신설
국민대	230명	X	2합6	?	26학년도신설
고려대 세종캠	98명	X	2합 6	수	자연 약술형
삼육대	148명	X	1개3	국/수	간호학과 0
상명대	85명	10%	X	국/수	문과 국어가 어려움
서경대	173명	10%	X	국/수	
수원대	450명	20%	X	국/수	2번째 많은인원(간호학과0)
신한대	107명	10%	X	국/수	경기 북부, 간호학과(0)
을지대	214명	20%	X	국/수	간호학과(0)
한국공학대	280명	20%	X	수	자연 약술형
한국기술교대	147명	X	X	수	자연 약술형
외대글로벌캠	76명	X	1개3 + 한국사4	수	난이도 최상/자연 약술형
한신대	237명	20%	X	국/수	최근 정원확대
홍익대세종캠	120명	10%	1개4	수	자연 약술형

- 가천대는 전체 모집인원인 4071명중에 1천명을 약술형 논술에 배정했을 정도로 약술형 논술을 대표 전형으로 밀고 있는 학교입니다. 가천대 간호학과는 내신으로는 1등급 후반 , 수능으로도 건국대 공대의 점수와 비슷할 정도로 선망인 학과입니다 그런 학과를 약술형 논술로 갈 수 있다는건 아주 큰 기회입니다.

- 눈 여겨볼 대학은 국민대로 국민대가 약술형 논술을 선택할지, 일반논술을 선택할지 관심이 커지고 있습니다 만약 국민대가 약술형 논술로 들어올 경우 큰 파란이 예상되며 모의고사 수학 2등급 중후반에서 3등급 중후반의 학생들이 시도해 볼만합니다. 수원대의 경우도 450명의 인원을 배정하여 학교에서 약술형 논술을 전략적으로 밀고 있으며 수원대의 합격점수도 3중후반에서 4초중반으로 최근에는 단국대 천안캠퍼스에 붙어도 수원대를 선택하는 학생들이 많아지는 경향이 있습니다.

- 한 가지 눈여겨 볼 것은 가천대, 을지대, 삼육대, 수원대 신한대 등의 간호학과를 약술형 논술로 뽑는 학교들입니다. 최근 간호학과의 점수가 아주 높은 점을 가만하면 내신3,4,5,6등급에서 4년제 수도권 간호학과를 갈 수 있는 마지막 기회이기 때문입니다. 수능으로 볼때는 탐구과목과 미적분이나 확통을 신경써야되지만 약술형 논술은 수학과 국어를 위주로 신경을 쓰기 때문에 수능보다는 좀 더 수월 합니다.

가천대 약술형 논술의 특징과 확인점

약술형 논술이란?

흔히 가천대 논술로 불리우며 수능 특강에서 나오는 문제와 유사한 문제로 출제가 되며
수학은 수1, 수2가 나오며 국어는 수능특강의 지문에서 그대로 나오며 내용 요약 또는 핵심어를 단답형으로
찾는 시험입니다. 일반 논술과는 다르게 문제의 난이도가 쉽고 단답형 문제임 그래서 성실하면 붙을 수 있는
시험이라 내신 3,4,5,6 등급이 많이 지원함. 수능을 보기에는 수학에서 미적과 확통을 해야된다는 부담감이
있는 반면 가천대 논술은 수1, 수2로만 시험을 보기 때문에 부담이 덜하고 국어의 경우 상명대를 제외하고는
성실하면 다 맞출 수 있는 난이도로 출제가 됨. 학생들을 너무 믿기보다 차라리 학원에서 자주 불러서 과제
및 복습 체크를 자주 하면 많이 붙을 수 있음. 3,4,5,6 등급에게 개인이 알아서 공부하라는 말보다 무책임
한 말은 없고 학생이 의지가 있으면 학원의 꾸준한 관리로 충분히 붙을 수 있다고 생각합니다.

꾸준히 성실하게 공부를 할 수 있나?

가천대 약술형 논술은 문제의 난이도가
어렵지 않습니다 하지만 못 붙는 이유는
내신 4,5,6 등급은 성실히 하기보다
기복이 큽니다. 성실하면 충분히 붙습니다.

지원전략이 중요하다

약술형 논술은 국어와 수학을 모두 보는 경우
본인이 수학이 약한 경우 국어 문제가 많은
학교를 지원해서 국어를 많이 맞추고 수학을
1-2개를 맞추는 전략도 가능함
또한 수능최저가 있는 학교의 경우
본인이 유리한 과목이 있으면 적극적으로
응시 (가천대는 수능최저충족률 1/3 이하)

국어는 꾸준으로 수학은 노력으로

가천대 약술형 논술의 경우 국어는 꾸준히 노력을
하면 모의고사 5-6등급도 합격이 가능함
수학은 가천대와 한국외대를 제외하면 모의고사
4,5,등급도 노력하면 붙을 수 있음.

학습만큼 관리가 중요

약술형 논술을 지원하는 4,5,6 등급의 학생은
수업을 듣는 것이 상으로 학원에서 그수업을
제대로 이해했는지 확인하고 관리하는
것이 더 중요할 수 있음.
학원에서 꾸준히 공부를 시키는 것이 관건

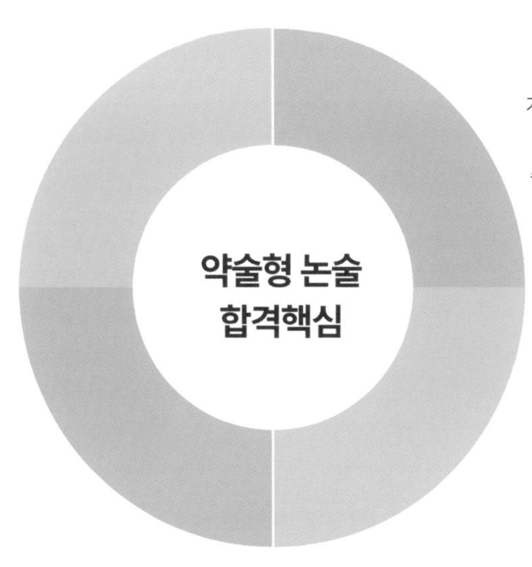

약술형 논술에 적합한 학생은?

대학별 수시 및 정시 합격 점수는 뒤에 대학별 모집요강 소개에 써 있으니 꼭 참고하세요

유형	내용
1) 내신은 낮고 뒤늦게 정신차렸는데 4,5,6등급 이라 수도권이 힘들경우	1,2학년때 놀아서 이제 고3을 앞두고 뒤 늦게 정신을 차려서 대학을 수도권쪽으로 가고 싶은 학생에게 적합 할 수 있음. 내신은 이미 안좋아서 수도권이 힘들고 수능을 준비하려니 과목도 많고, 기초가 안 되어 미적분 같은 문제는 풀기 어렵지만 그래도 수1, 수2만으로 폭을 좁히면 풀만하고 국어도 핵심주제 찾기라 충분히 해볼만 함.
2) 정시준비를 하나 보험적인선택지가 필요한 경우	내신보다는 정시가 성적이 좋아서 정시를 준비하려고하는데 정시만 보자니 불안하고 수시 6장도 아까운 학생들은 수능을 보고 가채점에 따라서 논술에 지원을 하면됨 약술형 논술은 난이도가 높지 않아 부담도 적고, 문제난이도가 낮음 수능이후에 보는 학교가 많기 때문에 상향 2, 적정 2, 하향 2을 하면 전략적으로 좋습니다.
3) 수도권은 가고 싶은데 내신이4초반 3개정도는 상향지원을 목표로 할때	내신이 수도권의 을지대, 강남대, 수원대 등이 붙을 수 있는 성적인데 2-3개 학교정도는 상향으로 쓰고 싶은 학생들이 지원 해볼만함 가천대, 상명대, 삼육대, 서경대 중 2-3학교를 전략적 지원을 해볼만함
4) 검정고시 이후 수능으로 대입을 준비하면서 수시6장을 활용하고싶을때	검정고시의 경우 만점인경우 학교 마다 다르지만 내신 3.8전후의 성적을 부여함 그래서 전에는 명지대 등이 면접을 통해서 붙는 경우가 많았으니 최근에는 힘듬 지방거점국립대의 경우 수능최저 3개합

약술형 논술을 고민해봐야 되는 학생은?

대학별 수시 및 정시 합격 점수는 뒤에 대학별 모집요강 소개에 써 있으니 꼭 참고하세요

유형	내용
1) 내신 2등급 중반의 학생	내신이 2등급 중반이면 약술형 논술을 하는 가천대부터 국민대 상명도 모두 합격이 가능합니다. 단 가천대 간호학과 삼육대 간호학과를 지원하는 학생은 약술형 논술을 준비해도되며 타학과는 그냥 수시 종합전형이나 교과전형을 먼저 써보는 것이 유리합니다.
2)내신5-7등급 **모의고사 수학 6등급학생**	특별한 경우가 아니면 이런학생은 약술형 논술을 추천하지 않으며 하더라도 가천대, 한국외대, 한국기술교육대, 상명대, 삼육대, 서경대는 추천하지 않습니다 일부 수학학원에서 모의고사위주로 수업을 하면서 약술형논술을 준비 할 수 있다고 하는데 모의고사6등급 학생들은 위에 열거한 가천대 등의 학교는 힘듭니다. 물론 학생이 기적적으로 오를 수 있는데 그럴려면 엄청난 공부량이 필요해서 차라리 수원대나 한국공학대를 준비하면서 성적이 전반적으로 오르면 그럴때 가천대를 준비하는 것이 맞습니다. 현실적인 목표를 달성하고 그 다음 더 윗단계를 목표로하는 것이 맞습니다 그렇지 않으면 풀지도 못하는 어려운 문제만 계속 푼다고 앉아 있는 경우가 많습니다. 학원의 홍보에 속지말고 냉정하게 판단해야 됩니다.
3)내신4-5등급 **모의고사 수학 4후** **모의고사 국어 4중후** **영어3등급, 탐구 4,5등급**	이런 학생들중에 가천대 이과를 지원하는 학생이 있다면 가천대 문과로 바꾸는 것을 추천하며 (가천대는 30%전후 전과를 해주며 문과에서도 이과 전과 가능 , 전과가 활발) 또는 삼육대나 서경대, 수원대 등을 추천 가천대의 경후 추후 3-4달 안에 수학 모의고사에서 수1,수2에서 4점짜리 중간난이도 문제를 풀 경우 도전하는 것을 추천 목표를 안잡는 것이 아니라 현실에 맞게 잡으면서 목표를 올리는 것을 추천함, 그렇지않으면 중간 난이도의 문제도 못 푸는 학생이 어려운 문제를 푼다고 시간을 소비하는 안 좋은 형태의 입시 로드맵이 될 수 있음
4) 내신 3등급 초반 **간호학과를 가고싶은 학생**	최근들어 간호학과는 성적이 점점 높아지고 있습니다. 낮은 간호학과도 있지만 가천대, 을지대 처럼 자대병원이 있는 학교들은 1등급후반부터 2등급 중반의 성적이나옵니다. 3등급초반인 학생들은 낮은 간호학과를 2-3개를 쓰고 나머지를 약술형 논술로 준비한 안정성과 도전을 모두 잡을 수 있습니다. 가천대 간호학과의 경우 수능으로는 건국대 공대 정도의 성적입니다. 삼육대 간호학과도 내신으로는 1등급 후반이지만 약술형 논술로는 모의고사3등급 초중반의 학생들도 충분히 준비해 볼만합니다.

약술형 논술 문제의 특징

[가]

깨어 있든 잠자고 있든 이성의 명확한 증거에 의하지 않고서는 결코 사물을 믿어서는 안 된다. 내가 여기에서 상상이나 감각이 아니라 이성을 말하고 있다는 사실을 유념하라. 이를테면 태양을 아무리 자세히 본다고 해도 그것이 보이는 그대로의 크기일 것이라고 판단해서는 안 된다. 또한 양(羊)의 몸통에 사자의 머리가 붙어 있는 모습을 상상할 수 있다고 해서 그런 괴물이 세상에 존재한다고 결론지어서는 안 된다. 이성은 우리가 보거나 상상하는 것이 진실은 아니라고 가르친다. 이성에 따르면, 관념이나 개념은 모두 무엇인가 진실에 근거한다. 완전하고 진실한 신(神)이 진실성이 없는 관념을 우리 속에 두지는 않았을 것이다. 따라서 잠자고 있을 때의 추리는 결코 깨어 있을 때만큼 명확하지도 완전하지도 않다. 비록 상상이 수면 중에 명료히 각성될 때가 간혹 있다 해도 말이다. 이성은 다음과 같이 가르친다. 우리가 모든 면에서 완전한 것은 아니므로 우리의 생각도 모든 면에서 진실일 수는 없지만, 그래도 진실은 꿈꿀 때보다 깨어 있을 때 더 잘 발견된다고.

[나]

지금 우리는 거짓에 쉽사리 빠질 수 있는 시대에 살고 있다. 근본적으로 인간은 이성적인 존재가 아니다. 이성적으로 살고 싶어 하지만 실상은 정반대이다. 인간의 비이성적인 특성은 우리 사회 곳곳에서 드러나고 있다. 독일의 소설가이자 영화감독인 알렉산더 클루게는 인간에게는 '호모 에코노미쿠스(homo economicus)'에 대한 신념이 있다고 주장했다. 즉, 우리 인간은 스스로 경제적이고 합리적이라고 생각한다는 것이다. 하지만 현실과 이상이 늘 일치하는 것은 아니다. 인간은 우리가 생각하는 것만큼 그렇게 합리적이지 않으며, 이성적 판단을 바탕으로 행동하지도 않는다.

트럼프는 2016년 미국 대선 당시 "미국을 다시 위대하게 만들자."라는 슬로건을 들고 출마했고, 많은 사람들이 그의 구호에 동조했다. 그들은 모두 과거의 안정을 그리워했던 것이다. 인간은 격세지감(隔世之感)을 느낄 때 과거로 돌아가려는 경향을 보인다. 세상의 모든 것들이 너무 낯설 때, 거기로부터 벗어나려 하고 생경한 것들이 모두 사라져야 한다고 생각한다. 인간은 과거에 머물러 있으며 불편한 현실을 마주하면 이를 피하려는 감정을 갖기 때문이다. 대중들이 이성적이고 합리적인 판단이 아닌, 단순한 감정적 문제 해결책을 가진 지도자를 갈망하게 되면서, 우리는 지금까지 믿어온 진실을 거짓으로 느끼거나 사실과 거짓의 차이를 구별할 수 없는 세상에 살게 되었다.

지금 우리 시대에 뻔뻔한 거짓말들이 통하고 거짓이 넘쳐나는 이유는 무엇일까? 그 저변에는 인간의 특성이 깔려 있다. 우리는 항상 진실에만 관심이 있는 것은 아니다. 때때로 우리는 진실이 아닌 다른 무언가를 더 중요하게 여긴다. 그렇다면 진실보다 더 중요한 것은 무엇일까? 칸트와 같은 학자들은 스스로 이성적으로 사는 것을 계몽이라고 말하였다. 하지만 인간이 이성을 사용한다는 생각 자체가 인간을 감정의 동물로 본다는 것을 의미한다. 즉, 인간은 감정적 존재이기 때문에 상황에 따라 이성을 사용하지 않기도 한다는 것이다. 인간에게는 아주 오래된 갈망이 있는데, 그것은 바로 진실 그 자체보다 세상을 명쾌하게 설명해 주고 이해하기 쉽게 만들어 주는 이야기를 원한다는 것이다. 단순 명료하고 방향성을 제시하는 이야기가 존재할 때 인간은 안정감을 느낀다. 그러한 갈망 때문에 거짓말을 하더라도 그것의 거짓 여부에 사람들은 관심이 없다. 중요한 것은 사실이 아니라 감정이며, 그 안정감에 대한 희구로 진실을 받아들이지 않는 것이다.

※ 다음은 미술관을 다녀온 후 작성한 감상문의 일부이다. 물음에 답하시오.

빈센트 반 고흐. 디지털 미술관은 빈센트 반 고흐를 새롭게 만나게 해 주었다. 고흐가 생전에 화가로서 보낸 시간은 불과 10여 년밖에 되지 않는다. 하지만 고흐는 화가로서 살았던 짧은 삶과 달리, 이후에 아주 오랜 시간 많은 사람의 사랑을 받게 되었다. 가난한 삶 속에서, 정신병을 앓는 상황 속에서도 그림에 대한 그의 열정은 그칠 줄을 몰랐다.

그의 마음을 유일하게 이해한 동생 테오는 형에 대해 이렇게 말했다고 한다. "형은 반복되는 일상생활 속에서 사람들이 각자의 찬란한 빛을 잃어버렸다는 생각을 처음으로 한 사람이다. 형은 따뜻한 가슴을 가졌고 사람들을 위해 무엇인가를 계속 해 주려고 노력했다." 고흐는 힘겨운 삶을 살았지만, 끝까지 자신을 응원해 주고 지지해 준 동생 테오가 있었기에 불행하지만은 않았다는 생각이 든다.

고흐의 그림에는 다양한 색채의 향연이 펼쳐진다. 「해바라기」의 노란색, 「별이 빛나는 밤」의 파란색과 밤의 빛깔들. 이번 미술관 관람을 통해 고흐만이 표현할 수 있는 아름다운 색채를 고스란히 느낄 수 있었다. 이러한 색채가 바로 고흐 그림만의 독창성과 가치를 보여 준다는 생각이 들었다. 보지 못하면 느낄 수 없는 것들이 있으니, 앞으로 다양한 미술 작품을 만날 수 있는 기회를 가져야겠다. 이번 전시회에서 만난 고흐의 「자화상」은 화가로서의 자신을 보여 주는 거울 같다는 생각이 들었다. 모델료가 없어, 인물을 그리기 위해 자신을 그려 작품 활동을 이어 갔다는 고흐. 그는 불굴의 의지를 지닌 색채의 마술사처럼 열정적으로 자신의 색을 화폭에 그려 나갔다. 나는 하고 싶은 일이 있어도 쉽게 포기해 버리곤 했다. 무엇인가 포기할 이유를 찾는 사람처럼 스스로 의지가 약해지려 할 때마다, 화가의 길을 묵묵히 걸어간 고흐를 한 번쯤 떠올려 봐야 할 것 같다.

[문제 1]
<보기>는 제시문을 작성하기 전에 수립한 글쓰기 계획이다. <보기>의 ①, ②가 반영된 문장을 제시문에서 찾아 각각의 첫 어절과 마지막 어절을 순서대로 쓰시오.

―――――――――― <보기> ――――――――――
① 구체적인 작품의 색채를 언급하면서 고흐 그림에서 느꼈던 표현적 아름다움을 설명해야겠어.
② 비유적 방식을 활용하여 고흐가 어떤 화가였는지를 표현해야겠어.

① 첫 어절: _________________, 마지막 어절: _________________

② 첫 어절: _________________, 마지막 어절: _________________

답안	배점
① 해바라기의, 있었다 ('「해바라기」의, 있었다'도 정답으로 인정함.)	5점
② 그는, 나갔다	5점

약술형 논술 문제의 특징

[논제 Ⅰ] 좌표평면 위의 원점 $O(0, 0)$과 두 점 $P_1(8, 0)$, $Q_1(0, 4)$에 대하여 다음 물음에 답하시오.

(1) 선분 P_1Q_1의 수직이등분선이 쌍곡선 $x^2 - y^2 = b$와 접한다고 한다. 이때 b의 값을 구하고, 그 근거를 논술하시오. (12점)

(2) 두 점 P_1, Q_1에 대하여 직각삼각형 OP_1Q_1을 만든다. 선분 P_1Q_1의 수직이등분선이 x축, y축과 만나는 두 점을 각각 P_2, Q_2라 하고 직각삼각형 OP_2Q_2를 만든다. 선분 P_2Q_2의 수직이등분선이 x축, y축과 만나는 두 점을 각각 P_3, Q_3라 하고 직각삼각형 OP_3Q_3를 만든다. 선분 P_3Q_3의 수직이등분선이 x축, y축과 만나는 두 점을 각각 P_4, Q_4라 하고 직각삼각형 OP_4Q_4를 만든다. 이와 같은 과정을 계속하여 직각삼각형 OP_5Q_5, OP_6Q_6, OP_7Q_7, … 을 만든다. 이때, 빗변의 중점이 제1사분면에 있는 직각삼각형들의 넓이의 합을 A_1, 빗변의 중점이 제2사분면에 있는 직각삼각형들의 넓이의 합을 A_2, 빗변의 중점이 제3사분면에 있는 직각삼각형들의 넓이의 합을 A_3, 빗변의 중점이 제4사분면에 있는 직각삼각형들의 넓이의 합을 A_4라 하자. 다음 명제의 참, 거짓을 판별하고, 그 근거를 논술하시오. (18점)

> 명제 : A_1은 $A_2 + A_3 + A_4$보다 크다.

[논제 Ⅱ] 구 $x^2 + y^2 + (z-1)^2 = 1$ 위에 두 점 $A(0, 0, 2)$, $P(a, a, b)$가 있다. xy평면 위의 점 Q에 대하여 점 P가 선분 AQ를 $1:4$로 내분할 때, 다음 물음에 답하시오. (단, a, b는 양수이다.)

(1) 점 P와 점 Q의 좌표를 구하고, 그 근거를 논술하시오. (10점)

(2) 점 A와 점 P가 아닌 구 위의 점 R에 대하여 삼각형 ARQ의 xy평면 위로의 정사영을 F라 하고 삼각형 ARQ와 xy평면이 이루는 각의 크기를 θ라 하자. F의 넓이가 최대가 될 때, 삼각형 ARQ의 세 변의 길이와 $\cos\theta$의 값을 구하고, 그 근거를 논술하시오. (27점)

수학(인문)

[문제 10]

곡선 $y = x^3$과 곡선 $y = \sqrt{2x}$ 가 만나는 원점이 아닌 점을 A라 할 때, 점 A에서 x축에 내린 수선의 발을 H라 하자. 삼각형 AOH의 넓이가 $2^{-\frac{a}{b}}$ 일 때, $a^2 + b^2$의 값을 구하는 과정을 서술하시오. (단, O는 원점, a와 b는 서로소인 자연수)

수학 (자연)

[문제 10]

함수 $f(x) = \begin{cases} 2x + a^2 & (x \leq -1) \\ -x + 2a + 1 & (x > -1) \end{cases}$

에 대하여 함수 $f(x^2)f(2x-1)$이 $x = 0$에서 연속이 되도록 하는 실수 a의 값의 합을 구하는 과정을 서술하시오.

전형 요소에 따른 약술형 논술 분류

1) 약술형 논술 수능최저가 있는 대학 비교

수능최저	대학
최저 X	상명대 서경대 수원대 기술교대 공학대 강남대 신한대 을지대 한신대
1개영역 3등급 이내	가천대/ 삼육대 /외대 자연계/ 홍대세종
2합 6	국민대 / 고대세종

확인점

가천대는 매년 1/3-1/4만 수능최저를 통과합니다 그만큼 수능최저는 아주 중요한 요소입니다.
국민대와 삼육대, 홍대,고대도 수능최저에 아주 큰 영향을 받습니다. 최저는 영어로 준비하는 것을 추천합니다.

 영어는 듣기평가를 다 맞으면 37점이라 듣기평가를 다 맞고 나머지 문제 중 어려운 문제를 아애 포기하고 쉬운문제와 중간난이도 문제를 위주로 공부해서 반을 맞추면 3등급이 나올 수 있습니다. 영어 1등급을 목표로하는 것과는 아애 다릅니다. 영어는 평소에는 2초반과 3초반을 목표로해야 수능에서 떨어져도 3초반이 나옵니다

2) 약술형 논술 수학만 보는 대학 비교

국가	대학
국+수	가천대 국민대 상명대 삼육대 서경대 수원대 강남대 한신대 신한대 을지대
수학만	외대자연계/ 한국 기술교대/한국 공학대/ 홍대세종/ 고대세종

전형 요소에 따른 약술형 논술 분류

확인점

수학만을 보는 대학은 수학에 특화되어있는 학생에게 유리합니다. 국어와 수학을 하는 경우 인기 학과인
간호학과가 지원이 가능하며 수학이 부족하더라도 가천대나 상명대등 약술형 논술 상위권대학도 국어 괜찮
다면 수학이 약하더라도 문과쪽으로 틀어서 국어로 승부를 볼 수 있습니다.

국어는 학원의 수업과 클리닉 그리고 지속적이 학습이 있으면 다 맞을 수 있습니다. 국어가 너무안되는 학생
은 수학만으로도지원이 가능하니 학생의 강점을 생각하며 전략을 짜야됩니다.
학생에게만 맡기는 것이 아니라 꾸준한 관리와 확인이 필요합니다.

3) 약술형 논술 내신반영 대학 비교

국가	대학
내신반영 O	상명대 서경대 국민대 강남대 홍대세종 신한대 한신대 을지대 수원대 공학대
내신반영 X	가천대,국민대 고대세종 삼육대 기술교대 외대자연계

확인점

내신을 반영하던 삼육대도 내신반영비율을 없앴으며 반영비율이 높은 학교도 20%내지 10%로 줄였습니
다 . 핵심은 내신신이 들어가는 학교라도 실제 1,2등급은 거의 쓰지를 않으며 3,4,5,6등급간의 내신 반영점
수는 크게 나지 않습니다.

 그리고 내신반영방법이 학교마다 다르지만 잘나온 과목을 위주로 반영하는 경우 학생의 내신이 6등급이라
도 학교만의 반영 방법으로 바꾸면 5등급이 나오는 경우가 많기 때문에 신경을 크게 쓰지
않으셔도됩니다. 대신 내신이 낮은 학생들이 성실성이 떨어지는 경우가 많아서 꾸준히 성실하게 공부를 하
는 것이 관건입니다. 그래서 학원의 지속적인 관리와 피드백이 더 중요합니다.
학생이 알아서 하겠지하는 마음은 어느정도 버리셔야 됩니다.

수원대 20% 강남대 20% 을지대20%, 한국공학대 20% 한신대 20%
상명대 10%, 서경대 10%, 신한대 10%, 홍익대 세종 10% 반영

26학년도 가천대 논술 전형정보

1. 모집인원 : 1036명   2. 수능 최저학력기준 : 1개영역 3등급 이내 (계약학과 등 일부 학과 제외)

3. 고사과목 / 문제수   4. 내신반영 X

 - 인문계열 : 국어 9문제 + 수학 6문제

 - 자연계열 : 국어 6문제 + 수학 9문제

5. 합격성적 (70%컷) - 경제학과 : 교과 2.65, 수능 평균백분위 82.15 (3등급중반)

            - 컴퓨터공학과 : 교과 2.53, 수능 평균백분위 86.46 (3등급초반)

가천대 뿐만 아니라 대부분의 약술형논술 대학에서 국어는 성실함의 문제, 수학은 실력의 문제입니다.

국어는 수능/내신 성적과 별개로 약술형논술의 핵심어를 찾는 방법을 배우고 그것을 반복하는 것이 중요한

반면수학은 수능/내신과 크게 다르지 않은 문제들이 출제되기에 본질적인 실력 향상만이 방법입니다.

가천대 자연계논술 특징 및 합격 전략

1. 난이도

 - 수학 9문제 구성 : 가장 어려운 2문제, 중간 난이도 3~4문제, 기본문제 3~4문제 출제됩니다.

 가장 쉬운 3~4문제는 반드시 맞춰야 하고, 학과에 따라 가장 어려운 2문제를 틀려도 합격이 가능한 학과가

 많기에 모의고사 어려운3점/쉬운 4점 난이도에 해당하는 3~4문제를 확실히 맞히는게 매우 중요합니다.

2. 합격권 학생의 실력

 - 수능 모의고사 기준 대략 3등급 초반의 학생이라면 충분히, 3등급 중후반의 학생이라면 열심히 노력한다면

 합격할 수 있는 수준의 난이도로 출제되고 있습니다. (자연계논술은 4등급은 쉽지 않습니다.)

3. EBS연계율 및 출제경향

 - 가천대는 EBS교재를 아주 적극적으로 활용합니다. 국어, 수학 모두 EBS교재를 충실히 학습해야 하고,

 수학에서는 전반적으로 수능문제와 매우 유사한 문제풀이논리를 요구하고 있습니다.

※가천대는 수능최저를 1/3-1/4전후로 통과해서 최저 통과도 아주 중요한 관건
 수학 수능 4점 초반 문제가 자신 없는 학생은 문과로 바꾸는 것을 추천. 이과도 어려운2개를 틀려도 합격
 이과는 국어에서 문법이 안나오니 문법 공부를 안해도됨.

가천대 인문계논술 특징

1. 난이도

- 수학 6문제에서 쉬운 3문제, 중간 2문제, 어려운 1문제가 출제되고 있습니다.

가장 쉬운 3문제를 반드시 맞춰야 하고, 대부분의 학과에서 가장 어려운 1문제와 중간1문제를

틀려도 합격이 가능합니다. 차라리 2문제를 확실히 틀리고 다른 것을 정확히 맞추어도 됩니다 .

합격권에 들어가기 위해 모의고사 기준 어려운3점/쉬운4점 난이도의 2문제를 맞히는 것이 매우 중요합니다.

2. 합격권 학생의 실력

- 수능 모의고사 기준 대략 3등급 중후반의 학생이라면 충분히, 4등급 초중반의 학생이라면 열심히 노력한다

면합격할 수 있는 수준의 난이도로 출제되고 있습니다. (인문계는 4등급도 해볼만한 시험입니다.)

3. EBS연계율 및 출제경향

- 가천대는 EBS교재를 아주 적극적으로 활용합니다. 동시에 인문계는 9문제가 출제되는 국어를 실수하지

않고 다 맞혀내는 것이 매우 중요하고, 문법이 1문제씩 출제되기에 추가적인 학습이 필요합니다.

가천대는 문과는 문법이 1문제가 나오니 꼭 개인적인 학습이 필요합니다 학원에서도 해주지만 수학이 약한학생은 차라리 문법을 맞추고 수학을
1개틀리는 전략을 사용해도 가능합니다. 이과의 경우는 문법문제가 나오지 않으니 이점도 체크해야 됩니다.

25년 가천대 논술 경쟁률 및 합격커트라인

모집시기	모집전형	모집단위	모집인원	경쟁률	학생부 등급(70%)	학생부 등급(90%)	논술점수 70%(만점 150)	논술점수 90%(만점 150)	예비순위
수시	논술	경영학과	50	47.2	5.37	6.21	114	112	8
수시	논술	회계세무학과	16	36.9	5.35	6.27	111	110	1
수시	논술	관광경영학과	11	36.6	5.07	5.94	114.5	112.5	1
수시	논술	의료산업경영학과	12	33.8	4.85	5.96	111	108	0
수시	논술	금융.빅데이터학부	26	27.5	5.2	5.98	107.5	105	5
수시	논술	경제학과	15	35.1	4.93	5.36	110	108.5	1
수시	논술	응용통계학과	11	34.8	5.03	5.92	114	113	1
수시	논술	심리학과	10	47.4	4.82	5.2	110.25	109.25	1
수시	논술	미디어커뮤니케이션학과	12	62.4	5.33	6.87	118	117	1
수시	논술	사회복지학과	12	34	5	5.98	108	103	2
수시	논술	유아교육학과	15	33.9	5.03	5.71	109.5	107	3
수시	논술	패션산업학과	7	50.7	4.33	4.43	118.5	117.25	1
수시	논술	AI인문대학	71	34.6	5.03	5.84	108.75	106	11
수시	논술	법과대학	44	32.8	4.67	5.66	109.5	108	3
수시	논술	도시계획. 조경학부	21	30.7	5.01	5.51	93	91.5	3
수시	논술	건축학과	33	37.4	5.16	5.93	103.5	102	10
수시	논술	화공생명배터리공학부	58	29.7	4.47	5.26	92	90	17
수시	논술	기계공학부	51	32	5.18	6.18	103	101.5	13
수시	논술	토목환경공학과	13	30.5	4.93	5.93	102	98.75	6
수시	논술	스마트팩토리전공	16	31.1	4.95	5.69	101	100	5
수시	논술	신소재공학과	13	37.8	4.24	6.28	93	90.25	3
수시	논술	식품생명공학과	13	33.9	4.34	5.45	108	106.25	1
수시	논술	바이오나노학과	13	32.1	4.24	4.62	105	103	1
수시	논술	생명과학과	13	43.2	4.36	5.15	102.5	99	4
수시	논술	반도체물리학과	12	30.8	5.47	5.73	102	98	1
수시	논술	화학과	12	28.3	4.71	6.05	103	102	1
수시	논술	식품영양학과	13	30.1	4.88	5.41	85.5	83.5	5
수시	논술	전기공학과	20	34.1	5.09	5.25	104	103	2
수시	논술	스마트시티학과	13	28.7	5.64	6.31	98	97	1

25년 가천대 논술 경쟁률 및 합격귀트라인

수시	논술	스마트팩토리전공	16	31.1	4.95	5.69	101	100	5
수시	논술	신소재공학과	13	37.8	4.24	6.28	93	90.25	3
수시	논술	식품생명공학과	13	33.9	4.34	5.45	108	106.25	1
수시	논술	바이오나노학과	13	32.1	4.24	4.62	105	103	1
수시	논술	생명과학과	13	43.2	4.36	5.15	102.5	99	4
수시	논술	반도체물리학과	12	30.8	5.47	5.73	102	98	1
수시	논술	화학과	12	28.3	4.71	6.05	103	102	1
수시	논술	식품영양학과	13	30.1	4.88	5.41	85.5	83.5	5
수시	논술	전기공학과	20	34.1	5.09	5.25	104	103	2
수시	논술	스마트시티학과	13	28.7	5.64	6.31	98	97	1
수시	논술	클라우드공학과	7	869	4.32	5.83	115.5	111	0
수시	논술	컴퓨터공학과	40	46.5	5.25	6.18	106.5	105	14
수시	논술	스마트보안학과	17	31.1	5.22	6.08	101.5	100.5	8
수시	논술	인공지능학과	40	35.2	5.32	5.8	104	103.5	10
수시	논술	의공학과	13	30.2	5.5	6.06	103.5	98.5	4
수시	논술	운동재활학과	10	34.2	4.66	5.01	98	97.75	0
수시	논술	바이오로직스학과	28	30.6	4.75	5.3	105	104	10
수시	논술	간호학과	83	44.6	4.26	5.01	111	109	9
수시	논술	치위생학과	9	31.3	4.13	4.44	78.5	78	8
수시	논술	응급구조학과	6	28.8	4.86	5.78	81.5	80	0
수시	논술	방사선학과	8	59	4.62	4.99	110	110	1
수시	논술	물리치료학과	8	78.8	4.75	5.2	110.75	110	4
수시	논술	의예과	40	205.2	3.31	4	78.75	77.25	7
수시	논술	반도체대학	61	34.5	4.93	5.42	95.5	93.5	14
수시	논술	시스템반도체학과	16	31.7	5.7	7.04	103	102	3

24년 가천대 논술 경쟁률 및 합격커트라인

모집단위	모집인원	경쟁률	학생부 등급(70%)	학생부 등급(90%)	논술 정답 수 총 15 문항 중 (70%)	논술 정답 수 총 15 문항 중 (90%)	예비순위
(2025:경영학과)경영학부	78	31.9	4.65	5.33	13	12.7	12
(2025:회계세무학과)회계세무학전공	13	31.9	4.61	5	11.3	11.1	4
(2025:금융·빅데이터학부)금융수학전공	10	25.9	4	4.72	11.5	11.4	3
(2025:금융·빅데이터학부)빅데이터경영전공	10	28.4	3.66	4.55	11.2	10.6	2
관광경영학과	11	32.7	4.21	4.41	11.3	11	0
의료산업경영학과	13	29.1	4.65	5.02	11.6	11.3	1
미디어커뮤니케이션학과	13	52.9	4.29	5.11	13.2	12.7	5
경제학과	11	35.4	4.41	5.26	12.8	12.8	0
응용통계학과	13	31.5	4.5	4.7	11.8	11.3	2
사회복지학과	11	29.2	4.13	4.73	12.6	12.6	0
유아교육학과	15	24.3	4.87	5.6	10.8	10.2	1
심리학과	10	39.8	3.94	5	12.8	12.8	0
패션산업학과	8	38.4	3.98	4.96	11.9	11.7	2
(2025:AI인문대학)한국어문학과	11	26.6	4.45	5.53	11.7	11	1
(2025:AI인문대학)외국어계열	61	24.3	4.84	5.49	10.9	10.6	4
(2025:법과대학)법학과	22	29.5	4.91	5.34	12.9	12.5	4
(2025:법과대학)행정학과	10	29.8	4.57	5.11	11	10.9	0
(2025:법과대학)경찰행정학과	10	34.1	3.45	3.79	12.1	12.1	0
도시계획·조경학부	20	27.8	5.03	5.31	11.1	10.7	4
건축학부	30	37.0	4.74	5.17	11.5	11.2	7

모집단위	모집 인원	경쟁률	학생부 등급(70%)	학생부 등급(90%)	논술 정답 수 총 15 문항 중 (70%)	논술 정답 수 총 15 문항 중 (90%)	예비순위
도시계획·조경학부	20	27.6	5.03	5.31	11.1	10.7	4
건축학부	30	37.0	4.74	5.17	11.5	11.2	7
화공생명배터리공학부	46	30.4	4.26	4.94	11.7	11.4	11
(2025:기계공학부)설비·소방공학과	11	25.6	4.68	5.29	10.8	10.6	1
(2025:기계공학부)기계공학전공	21	35.5	4.33	4.53	11.7	11.5	3
(2025:기계공학부)산업공학전공	12	33.8	4.33	4.61	11.3	11	4
스마트팩토리전공	12	28.8	4.89	5.73	10.9	10.7	0
신소재공학과	13	36.5	4.03	4.82	11.6	11.4	3
토목환경공학과	13	29.1	4.73	5.27	9.8	9.5	2
전기공학과	22	33.2	4.58	5.51	11.2	10.7	12
스마트시티학과	12	30.6	4.22	4.66	11.15	10.8	1
의공학과	12	27.2	4.79	5.46	11.2	11	5
식품생명공학과	14	34.3	4.19	4.55	11.7	11.4	5
식품영양학과	13	29.9	4.21	4.73	11.2	11.1	3
바이오나노학과	13	30.9	4.7	5.73	11.4	11.1	2
생명과학과	13	39.3	3.93	4.53	11.4	11.1	2
(2025:반도체물리학과)물리학과	12	27.0	4.43	5.55	10.6	10.6	10
화학과	12	33.6	4.07	4.8	11.2	11	4
(2025:반도체대학,시스템반도체학과)반도체·전자공학부	51	39.4	4.63	5.27	10.3	10	10
클라우드공학과	7	135.0	3.04	3.41	12.3	12.3	1
소프트웨어전공	21	38.8	4.32	4.99	11.8	11.7	5
(2025:컴퓨터공학과)컴퓨터공학전공	35	48.3	4.15	5	12.7	12.5	7
(2025:스마트보안학과)스마트보안전공	13	33.4	4.49	5	11.5	11.35	3
(2025:인공지능학과)인공지능전공	35	35.4	4.48	5.21	11.8	11.5	4

모집단위	모집 인원	경쟁률	학생부 등급(70%)	학생부 등급(90%)	논술 정답 수 총 15 문항 중 (70%)	논술 정답 수 총 15 문항 중 (90%)	예비순위
(2025:인공지능학과)인공지능전공	35	35.4	4.48	5.21	11.8	11.5	4
운동재활학과	10	29.7	4.48	5.28	10.4	10	1
자유전공	18	33.6	4.39	5.25	12.2	11.7	1
바이오로직스학과	25	27.2	4.44	5.45	10.2	9.8	5
간호학과	83	46.4	3.88	4.6	12.9	12.7	10
치위생학과	9	28.6	4.51	5.12	11.5	11.3	3
응급구조학과	6	28.0	4.17	4.23	11.4	10.6	0
방사선학과	10	42.7	4.58	5.08	12.1	11.9	2
물리치료학과	10	70.8	3.78	4.62	10.2	10.1	1

<26학년도 신설 대학 전형정보>

국민대 논술 전형정보

1. 모집인원 : 230명   2. 수능 최저학력기준 2개 영역 합 6등급 이내

3. 고사과목 / 문제수

 - 인문 : 국어 8문항 + 수학2문항

  - 자연 : 국어 2문항 + 수학 8문항 (미적분 포함)

4 . 내신반영 X   5. 시간 90분

한성희 소장의 국민대 논술 전략

국민대 약술형 논술의 경우 중위권 학생들에게는 엄청난 파급효과가 있을 것 입니다.

내신으로는 평범한 일반고의 경우 2등급 중반이 붙는 학교인데 그런 학교에 도전 할 수 있다는 것이 매력 적입니다.

주의할 점은 수능최저가 2개합 6이라 중위권 학생들이 최저를 통과할 확률이 아주 적습니다.

국어 수학 모두 난이도가 가천대 보다 높으며, 자연의 경우 수학의 경우 수능 2등급 중반에서 3초반의 학생들이 가능하며

인문의 경우 상대적으로 수능최저를 통과하면 합격 확률이 아주 높을 것입니다.

자연계의 경우 수학 모의고사 2후 3초의 학생들만 추천하며 수학이 어려워 국어를 2개다 맞추는 학생들이 합격에 유리

인문계의 경우 국어가 아주 강하면 수학을 1개 맞추는 전략이 가능함.

강남대논술 전형정보

1. 모집인원 : 359명   2. 수능 최저학력기준 X

3. 고사과목 / 문제수

- 인문계열 : 국어 9문제 + 수학 6문제

 - 자연계열 : 국어 6문제 + 수학 9문제

4. 내신반영 20%

한성희 소장의 강남대 논술 전략

강남대는 최근에 선호도가 많이 올라간 학교로 3등급 후반에서 4등급 초반학생들이 많이 쓰는 학교입니다.

최근은 천안의 단국대, 상명대 보다 강남대를 선호하는 학생들이 많아지면서 성적이 상향곡선을 그리고 있습니다

동탄, 수원, 용인에서 강남대에 대한 선호가 앞으로도 높아 질 것 같습니다

각 학교의 약술형 논술 첫해는 수능특강에서 거의 그대로 내는 전통으로 볼때 내신 4중후반-5등급학생들은

수능특강만 죽어라 연습하면 강남대에 합격 확률이 아주 높을 수 있습니다.

수도권에서 통학이 가능하며 인수도권 마지막 라인이라는 점에서 강남대는 매력적인 학교입니다.

수능에서는 3개의 과목을 반영하는 학교라서 내신이 낮고 특정 몇 과목만 높은 학생들이 약술형 논술과

정시를 함께 준비해 볼만합니다. 내신은 20%반영이지만 6등급까지는 합격에 큰 영향이 없습니다.

26학년도 상명대논술 특징

1. 자연계시험 난이도

 - 상명대 자연계시험은 국어2문제에 수학 8문제로 짧은 시간 내에 수학 8문제를 풀어내는게 관건입니다.

어려운 2문제, 중간난이도 3문제, 기본문제 3문제의 구성으로 3등급 초반 학생이라면 충분히 합격할

수 있고, 3등급 중후반 학생이 성실하게 공부하여 합격할 수 있는 학교입니다.

2. 인문계시험 난이도

 - 상명대학교는 인문계 국어문제가 꽤나 어렵습니다. 수학이 2문제로 부담이 적은 대신 국어문제가 어렵게

출제되는 편이며, 문법문제가 고정적으로 출제되기에 문법공부도 소홀히 하지 말아야 합니다.

3. EBS연계 및 출제경향

 - 상명대학교는 국어, 수학 모두 수능 유형과 비슷한 문제들이 출제되고 있습니다. 다만 가천대학교 등 다른

학교에 비해 EBS연계 체감율이 낮은 편이라 실질적인 학생들의 체감난이도가 조금 더 높을 수 있습니다.

상명대는 첫해이기 때문에 이후 기출문제를 지속적으로 모니터링 하면서 문제의 특징을 분석해야됨
확실한건 국어나 수학 하나를 잘하는 학생이라면 도전해 볼만함. 고사시간이 다른 학교보다 짧으니 연습을 통해 시간을 잘 체크해야됨

26학년도 상명대논술 전형정보

1. 모집인원 : 85명　　　　　　2. 수능 최저학력기준 X

- 고사과목 / 문제수

 - 인문계열 : 국어 8문제 + 수학 2문제

 - 자연계열 : 국어 2문제 + 수학 8문제

4. 내신반영 10%　　　　　　5. 특이사항 : 고사시간 60분

6. 수시/정시 합격 70%컷 - 경제금융학부 : 교과 2.82, 수능 평균백분위 78 (3등급 후반)

　　　　　　　　　　　- 전기공학 : 교과 2.68, 수능 평균백분위 80 (3등급 중후반)

26 학년도 삼육대논술 전형정보

1.모집인원 : 148명

2.수능 최저학력기준 : 1개영역 3등급 이내

 3. 고사과목 / 문제수 :　　　　　　4. 내신반영 X

 인문계열 : 국어 9문제 + 수학 6문제

 자연계열 : 국어 6문제 + 수학 9문제

5. 합격성적 (70%컷) - 경영학과 : 교과 3.06, 수능 평균백분위 85.6 (3등급 초중반)

　　　　　　　　- 간호학과 : 교과 2.06, 종합 2.5 수능 백분위 91.2(2등급 후반)

　　　　　　　　 - 인공지능융합학부 : 교과 3.26, 수능 평균백분위 86.6 (3등급 초중반)

삼육대는 간호과가 특화된 학교이고 인서울이라는 장점으로 간호학과는 종합으로는 2.5등급 교과로는 2.1등급 내외에서 합격을 합니다.
인서울 간호대를 꿈꾸는 학생이라면 삼육대 약술형 논술을 꼭 도전해보세요
삼육대는 버려야 될 문제와 꼭 맞추어야될 문제를 수학, 국어 모두 확실하게 구별하며 푸는 연습이 필요합니다 .

26학년도 삼육대논술 특징

1. 자연계시험 난이도

 - 자연계는 기본문제 3문제, 어려운3점~쉬운4점 4~5문제, 고난도 4점 1~2문제가 출제되고 있습니다.
간호 등 보건계열은 4문제까지도, 일반 자연계는 5문제까지 틀려도 충분한 합격권이기에 삼육대학교는
자연계에서 수능 3등급 중후반 4초까지도 이라면 성실히 준비하여 충분히 합격할만한 학교입니다.

2. 인문계 시험 난이도

 -인문계는 기본문제 2문제, 어려운3점~쉬운4점 3문제, 고난도 4점 1문제가 출제되고 있습니다.
실제 합격자 커트라인이 국어까지 5문제까지는 틀려도 합격 가능한 학과가 많아 4등급 학생도 인문계
시험까지는 충분히 도전해볼만 학교입니다. 수학이 약하면 국어를 더 맞는 전략도 가능합니다.

3. EBS연계 및 출제경향

 - 삼육대학교는 모든 출제경향이 가천대와 유사하지만 난이도만 낮은 학교입니다. 높은 EBS연계율과
수능과 유사한 문제 출제, 계열별 고사과목과 고사시간까지 가천대와 동일합니다.

26학년도 서경대논술 특징

1. 국어문제 난이도

- 서경대학교는 국어에서 다른 학교와 약간 다르게 출제됩니다. 단답형이 아닌 '서술하시오'의 발문이

등장하여 충분히 연습되어 있지 않은 학생이라면 국어에서 당황하고 감점을 당할 수 있어 추가적으로

국어 공부를 더 해둘 필요가 있는 학교입니다.

2. 수학문제 난이도

- 수학 4문제가 난이도편차 크지 않고 모두 비슷한 난이도로 출제되고 있는 학교입니다. 수능 모의고사 기준

어려운3점~쉬운4점 수준의 4문제가 출제되기에 3등급 후반에서 4등급 초중반의 학생이라면 충분히 합격을

노려볼 수 있습니다.

3. EBS연계 및 출제경향

- 서경대학교는 학생들이 까다로워하는 대학교로 EBS연계율이 낮고 출제되는 문제 유형도 다른

약술형논술 대학이나 수능과는 사뭇 달라 실제 난이도에 비해 학생들이 어려워하는 학교입니다.

26학년도 서경대논술 전형정보

1. 모집인원 : 173명   2. 수능 최저학력기준 X

3. 고사과목 / 문제수

 - 공통 : 국어 4문제 + 수학 4문제

4. 내신반영 10%   5. 특이사항 : 고사시간 60분

6. 합격성적 (70%컷) - 경영학과 : 교과 3.03, 수능 평균백분위 68.5 (4등급 중반)

              - 전자컴퓨터공학과 : 교과 3.10, 수능 평균백분위 71.8 (4등급 초중반)

서경대는 ebs연계도가 낮은 편이라 기출문제를 완벽하게 이해하고 푸는 연습이 필요합니다. 또한 국어 문제가 다른 학교보다 까다로워서
국어에 강점이 있으며 수학에 약점이 있는 학생들에게 추천합니다.

26학년도 외대 자연계논술(글로벌캠퍼스) 전형정보

1. 모집인원 : 76명   2. 수능 최저학력기준 1개영역 3등급 이내 + 한국사 4등급 이내

-3.고사과목 / 문제수

 - 자연계열 : 수학 7문제

 4. 내신반영X   5. 특이사항 : 고사시간 90분

6. 합격성적 (70%컷) - 국제금융학과 : 수능 평균백분위 80.17 수시 일반고 2등급중후반, 외고 4중후5등급

              - 정보통신공학과 : 수능 평균백분위 74.17 수시 종합 2.4

약술형 논술중에 수학 난이도가 높은 학교이며 수학에 자신이 있는 학생에게 추천 한국외대가 대학 네임벨류는 높지만 이과의 경우 용인에 캠퍼스
가 있기도 하지만 학교에서 밀어주는 학과는 아님. 최근에 이과쪽 학과가 전보다 좋아지고는 있음.

수능최저가 최저 3에 한국사 4등급이라 이부분도 수능최저를 1/3정도 밖아 맞추지 못하기 때문에 수능최저에 만전을
기해야되며 수능최저는 영어 3으로 맞추는 것을 추천 (영어가 가장기복이 없음) 듣기평가를 다 맞추면 3등급이 나올 확률이 높음
약술형 논술학교중에 가장 네임벨류가 높은 학교라 메리트가 있음.

26학년도 외대 자연계(글로벌캠퍼스)논술 특징

1. 난이도

 - 외대 자연계시험은 7문제가 모두 높은 난이도로 출제되어 시험장에서 크게 당황할 수 있습니다. 3문제가

    어려운3점~쉬운4점 난이도, 나머지 4문제가 모두 모의고사 4점 난이도로 출제되어 한 문제도 쉽게 풀리지

    않는다는 것이 외대 자연계 논술의 특징입니다.

2. 합격권 학생의 실력

 - 어려운 난이도만큼 합격권 학생들의 분포가 다르게 형성됩니다. 출제되는 문제의 절반을 넘게 틀려도

합격이 가능한 학과가 존재하는 만큼 맞힐 수 있는 문제를 확실히 맞히는 전략이 중요한 학교입니다.

3. EBS연계 및 출제경향

 - 외대 자연계시험은 다른 대학과 달리 수능 문제와 거리감이 있고 EBS교재 연계 체감이 낮습니다.

EBS교재보다는 교과서에 출제 근거가 많아 다른 약술형논술 대학 문제들과 이질감이 느껴질 수 있습니다.

26학년도 수원대논술 전형정보 및 특징

1. 난이도

 - 모든 문제들이 기본문제~어려운 3점 수준으로 난이도 편차가 크지 않은 학교입니다. 전반적인 난이도가

그리 높지 않기에 실수 한번이 치명적으로 다가올 수 있는 학교이기에, 전범위를 꼼꼼하게 공부해야만

특정 단원에서 점수를 잃지 않고 합격할 수 있는 학교입니다.

2. 합격권 실력

 - 수원대학교 논술은 전반적으로 내신 4등급 후반~ 6등급대 학생이 합격하고 있으며 성실하게 끝까지

공부한 학생이라면 이과에서는 모의고사 4등중후반 문과에서는 5~6등급 학생까지도 합격하는 학교입니다.

3. EBS연계 및 출제경향

 - 수원대학교는 국어, 수학 모두 EBS연계가 유의미한 학교입니다. EBS교재에서 눈에 띄는 제재/작품과

문제를 변형시켜 문제를 출제하고 있으며 이에 따라 문제 유형도 수능과 유사하게 출제되고 있습니다.

26학년도 수원대논술 전형정보

1. 모집인원 : 450명　　　　2. 수능 최저학력기준 X

3. 고사과목 / 문제수　　　　4. 내신반영 20%

 - 인문계열 : 국어 10문제 + 수학 5문제

 - 자연계열 : 국어 5문제 + 수학 10문제

5. 합격성적(70%컷) : 경제학부 - 교과 3.55, 수능 평균백분위 82.2 (3등급 중반)

　　　　　　　　　컴퓨터학부 -교과 3.45, 수능 평균백분위 82.8 (3등급 중반)

수원대는 나루고 서연고 6등급의 학생도 성실하게 해서 붙었습니다. 어렵다기보다 꾸준하기 시키는 것을 하고 자주 체크받고, 과제를 해오면 충분히 붙을 수 있는 학교입니다. 하지만 학생들이 성적이 살짝만 올라도 방심하는 대학이 수원대입니다.

수원대의 내신합격성적은 3중후부터 4초중사이로 내신이 4중반인 학생부터는 붙기 어려운 학교입니다.
내신 4등급초반이 넘어가는 학생들은 수원대를 약술형논술로 도전한다면 기회일 것입니다. 수능으로하려면 탐구를 해야된다는 부담이 있지만 약술형 논술로 한다면 수학과 국어 모두 어렵지는 않습니다. 하지만 4,5,6, 등급의 문제는 꾸준하지 못하다는 것에 있고
강의를 열심히 듣는 것도 좋지만 학원에서도 지속적으로 관리하고 확인 하는 것이 필요합니다. 성실하면 붙는 학교입니다.

26학년도 한국기술교대 전형정보

1. 모집인원 : 147명　　　　2. 수능 최저학력기준 X

3. 고사과목 / 문제수　　　　4. 내신반영 X

 - 자연계열 : 수학 10문제

5. 합격성적 (70%컷) - 전기전자통신공학 : 내신 교과 4.26

　　　　　　 - 공학 통합모집 : 수능 평균백분위 78.25 (3등급 후반)

생각보다 좋은 학교이며 수원대보다 자연계열에서 더 추천하는 학교입니다. 중견기업이나 종종 대기업도 취업이 되는 학교이나 잘 알려져 있지 않으며 이름은 국립같으나 사립학교입니다. 수학에 강점이 있으며 내신이 4중반이상 5,6등급이 학생들에게 추천합니다.
개인적으로는 수원대, 한국공학대, 삼육대, 서경대 을지대보다 취업을 생각한다면 한국기술교육대를 추천합니다.

수학문제에 있어서 4등급 초중반학생들이 해볼만하며 성실한 학생은 5초반의 모의고사에서도 붙은 경우가 있습니다.
문제가 ebs연계보다 수능과 비슷하며 기존의 기출문제를 통해서 유형에 익숙해지는 것이 중요합니다 .
수학에 강점이 있는 학생이라면 한국외대와 함께 기술교육대를 추천합니다.

26학년도 한국기술교대 논술 특징

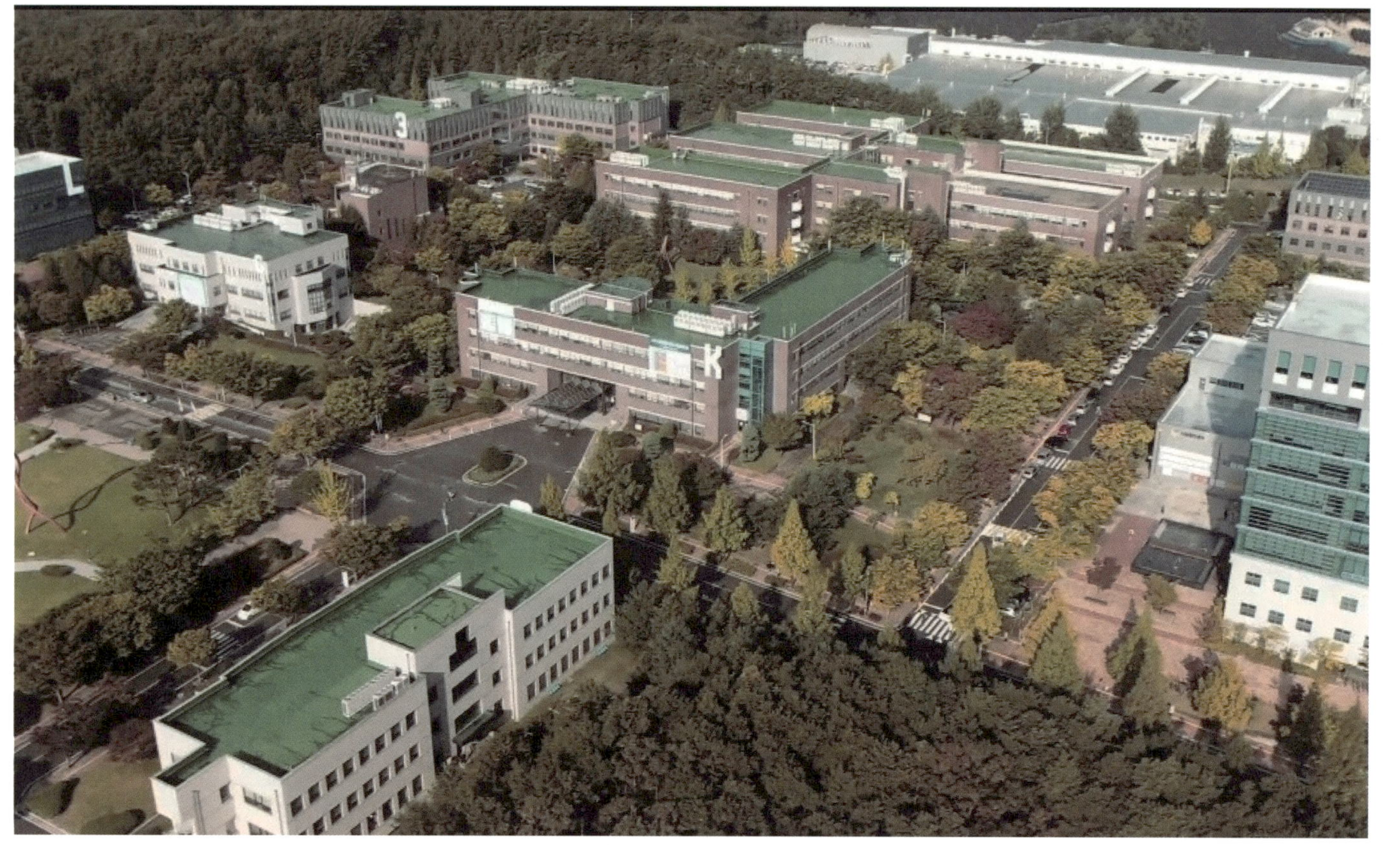

1. 난이도

 - 수능 4점 이상의 난이도 2문제가 출제되고 기본문제 4문제에 어려운3점~쉬운4점 난이도의

4문제가 출제됩니다. 최고난도 2문제가 상당히 난이도가 있기 때문에 나머지 문제 중 맞힐 수 있는

문제만을 정확히 다 맞혀내는게 중요한 학교입니다.

2. 합격권 실력

 - 수학만 고사과목에 들어가는 만큼 국어가 약한거나 수학에 강점이 있는학생들이 주로 지원하는 학교입니다.

수능 모의고사 기준 4등급대 학생이 합격권에 있으며 주로 논술합격자 내신은 5등급대 학생들이 합격하는

 학교입니다.

3. EBS연계 및 출제경향

 - 전반적으로 수능과 유사한 유형이 출제되지만 수학만 출제되는 만큼 직접적인 EBS연계 체감이 높지는

않습니다. 어려운 2문제가 대문항-소문항으로 구성되어 있어 유형이 이질적으로 느껴질 수 있으며

낯선 문제를 어려워하는 학생은 실제 체감난이도가 높게 느낄 수 있는 학교입니다.

26학년도 을지대논술 전형정보 및 특징

1. 모집인원 : 214명   2. 수능 최저학력기준 X

3. 고사과목 / 문제수

 - 공통 : 국어 7문제 + 수학 7문제

4. 내신반영 20%   5. 합격 (70%컷) : 내신 간호학과 2.4 바이오공학 5.1 수능 간호 88%(3초) 바이오공학 (81%3중)

1. 난이도 및 합격권 실력

 - 문제들 간의 난이도편차가 크지 않은데 난이도가 높지 않아 실수하지 않는 것이 중요한 학교입니다.

 수학에서 기본문제~어려운3점 정도 난이도의 문제가 난이도와 순서 상관없이 7문제 출제됩니다.

4~5등급 학생들도 성실하게 꾸준히 공부한다면 합격할 수 있는 난이도로 출제되고 있습니다.

2. EBS연계 및 출제경향

 - 을지대학교 논술문제는 EBS연계 체감을 시험장에서 많이 받을 수 있는 학교입니다. EBS교재에서

봤던 제재나 작품이 그대로 출제되며 수학도 EBS교재에서 숫자만 바꿔서 출제하는 문제가 일부 출제됩니다.

수도권 간호과를 가고싶은 학생들에게 적극 추천하며, ebs체감이 높기때문에 성실한 학생들에게 추천합니다. 간호학과의 점수가 높기 때문에
수능과 내신으로는 역전이 힘들기 때문에 약술형 논술은 간호학과를 가고싶은 학생들에게 기회입니다.

26학년도 한국공학대 논술 전형정보 및 특징

1. 모집인원 : 280명   2. 수능 최저학력기준 X

3. 고사과목 / 문제수

 - 자연계열 : 수학 9문제

4. 내신반영 20%

5. 합격성적 (70%컷) - 경영학부 : 교과 3.42

          - 전자공학부 : 교과 3.5, 수능 평균백분위 75.13

1. 난이도 및 합격권 실력

 - 9문제 간의 난이도 편차가 크지 않습니다. 대략 기본문제 5~6문제에 모의고사 기준 어려운3점~쉬운4점

난이도의 3~4문제가 출제되고 있으며 이 중 2~3문제 까지는 틀려도 합격이 가능한 학과가 존재하여

4등급 학생들도 충분히 도전해볼만한 학교입니다.

2. EBS연계 및 출제경향

 - 연계 체감이 아주 강한 것은 아니지만 EBS교재를 열심히 공부한다면 어디선가 본 듯하게 익숙한 문제들이

출제되는 편입니다. 특히 EBS교재 문제 중에서 특이한 내용의 문제를 변형시켜 출제하는 편입니다.

26학년도 한신대논술 전형정보 및 특징

1. 모집인원 : 237명   2. 수능 최저학력기준 X

3. 고사과목 / 문제수   4. 내신반영 20%

 - 인문계열 : 국어 9문제 + 수학 6문제

 - 자연계열 : 국어 6문제 + 수학 9문제

5. 합격성적 (70%컷) - 경영/미디어 계열 : 교과 3.27, 수능 평균백분위 85.3 (3등급 초중반)

                 - AI / SW 계열 : 교과 3.69, 수능 평균백분위 83 (3등급 중반)

1. 난이도 및 합격권 실력

 - 자연계는 기본문제 5문제에 어려운3점 난이도 4문제, 인문계는 기본문제 3문제에 어려운3점 3문제가

출제되며 모의고사 기준 5등급대 학생들도 노력해서 충분히 합격할만한 난이도로 출제되고 있습니다.

2. EBS연계 및 출제경향

 - 국어, 수학 모두 EBS가 적극적으로 연계되는 학교입니다. EBS교재의 제재와 작품이 그대로 사용되며

수학에서는 가천대처럼 수능과 유사한 출제기조를 보이고 있으나 고1수학의 내용을 활용하는 문제가

일부 출제되는데 이를 낯설게 느낀다면 체감난이도가 조금은 올라갈 수 있습니다.

수도권으로 대학을 가고싶은 4,5,6,7 등급 학생들의 마지막 기회이며 모의고사 7등급의 학생도 성실히하면 붙습니다. 전체적으로 문제가 어렵지 않고 ebs수특 연계가 높은 편이라 꾸준히 성실히하면 붙는 학교입니다. 재능이 없어도 성실하면 되나는 말이 딱 맞는 학교입니다.

26학년도 고려대(세종)논술 전형정보 및 특징

1. 모집인원 : 98명   2. 수능 최저학력기준 2개 영역 합 6등급 이내

3. 고사과목 / 문제수

 - 자연계열 : 수학 6문제

4. 내신반영 X   5. 특이사항 : 고사시간 120분

6. 합격성적 (70%컷) - 융합경영학부 : 교과 3.55, 수능 평균백분위 68.83 (4등급 중반)

             - 전자및정보공학과 : 교과 3.66, 수능 평균백분위 68.47 (4등급 중반)

1. 난이도 및 합격권 실력

 - 고려대 세종캠퍼스 자연계문제는 난이도가 높습니다. 때문에 모든 문제를 맞힐 수 없고 맞힐 수 있는 문제를

확실히 맞히고 부분점수를 받아내는 전략이 필요한 학교입니다.

동시에 미적분이 시험범위에 포함되어 다른 학교보다 추가적으로 공부할 부분이 존재합니다.

2. EBS연계 및 출제경향

 - 고려대 세종캠퍼스 논술문제는 EBS보다는 교과서에서 출제 근거를 많이 찾을 수 있는 대학입니다.

그만큼 연계를 체감하기는 힘든 문제들이 출제되며, 다른학교 문제들과 이질감이 들 수 있습니다.

고려대 세종캠퍼스는 약술형 논술에 포함이 될 수도 안될 수도 있습니다. 다른 것은 다른 학교랑 같으나 미적분이 들어가기 때문입니다.
학교의 이름만 따지면 가장 유명한 학교이기 때문에 네임벨류를 좋아하는 학생이라면 도전해볼만 합니다.
수능최저가 가장쌘 2개합 6이기 때문에 생각보다 수능최저를 못맞춥니다 1/3이하로 맞추는 경우가 많기 때문에 수학 공부 뿐만아니라
수능최저에 대한 전략이 아주 중요합니다.

26학년도 홍익대(세종)논술 전형정보 및 특징

1. 모집인원 : 120명   2. 수능 최저학력기준 1개영역 4등급 이내

3. 고사과목 / 문제수

 - 자연계열 : 수학 7문제

4. 내신반영 10%   5. 특이사항 : 고사시간 70분

6. 합격성적 (70%컷) - 인문계 자율전공 : 교과 3.04, 수능 평균백분위 69.8

                - 자연계 자율전공 : 교과 4.26, 수능 평균백분위 62.83

1. 난이도 및 합격권 실력

 - 7문제에서 기본문제 4문제, 어려운3점~쉬운4점 난이도의 문제가 3문제 출제됩니다. 실수할 여지가

존재하는 문제가 일부 출제되어 실수를 신경쓰며 풀어야 하는 문제들인데요, 전반적으로 모의고사 기준

4등급에서 5등급 초반 학생들까지도 노력한다면 도전해볼만 한 학교입니다.

2. EBS연계 및 출제경향

 - 홍익대학교 세종캠퍼스 자연계 시험은 EBS연계 체감이 크지는 않습니다. 오히려 학생들이 익숙할

내신시험과 가장 유사한 유형의 문제들이 출제되는 편이며, 전범위의 기본문제를 익히는 것이 중요합니다.

내신 4,5,6등급의 학생들이 전형적으로 노려볼 학교로 수원대와 유사하게 노력을 하면 붙을 수 있는 학교입니다.
능동고 6등급 학생이 성실하게 공부해서 붙었으며 전범위의 기본문제들을 방심없이 꾸준하게 푸는 것이 관건입니다.

26학년도 신한대 논술 전형정보 및 특징

1. 모집인원 : 107명   2. 수능 최저학력기준 X

3. 고사과목 / 문제수   4. 내신반영 10%

 - 인문계열 : 국어 9문제 + 수학 6문제

 - 자연계열 : 국어 6문제 + 수학 9문제

5. 합격성적 (70%컷) - 빅데이터경영학과 : 교과 3.3, 수능 평균백분위 66.67 (4등급 중반)

           - 전자공학과 : 교과 3.9, 수능 평균백분위 63 (4등급 후반)

1. 난이도 및 합격권 실력

 - 인문계 자연계 모두 모의고사 기준 3점 난이도 문제들이 출제되며 다양한 단원에서 문제가 출제되는

만큼 전범위를 성실하게 공부한다면 충분히 모두 맞혀낼 수 있는 문제들이 출제되고 있습니다.

2. EBS연계 및 출제경향

 - 신한대 역시 EBS교재가 적극적으로 연계되는 학교로 국어에서 제재와 작품이 모두 EBS에서 연계되어

출제되며 수학은 EBS교재의 기본문제를 성실히 학습한다면 다 풀어낼 수 있는 문제들이 출제됩니다.

경기북부의 학교라 경기남부에서는 선호도가 높지 않으나 간호과를 가고싶은 학생에게는 하나의 기회로 도전하는 것을 추천합니다.
수원대보다 좀 더 쉬운편이며 성실성이 된다면 5,6,7모두 합격이 가능한 학교입니다. 공부량을 늘리고 학원에서 내준 과제를 열심히해도
붙을 수 있는 학교로 간호과를 추천합니다.

가천대 논술 예시문제

대치코어국어학원

[1~2] 다음 글을 읽고 물음에 답하시오.

... 내 친구가 그 좋은 예다. 그의 부인은 일상의 사물을 재료로 작품을 만드는 예술가인데, 얼마 전 전시회를 열었다. 전시된 작품 중에는 오래된 연애편지를 활용해서 만든 것도 있었다. 특이한 작품이라는 생각이 들어서 그 앞에서 작품의 소재가 된 옛 연애편지를 읽어보았다. 그런데 그 내용과 표현이 내 감수성이 받아들이기에는 너무 느끼해서 그만 그 자리에서 토할 뻔했다. 혹여 내가 연애편지를 쓰게 되는 상황에 다시 처한다면, "영민"이란 이름을 한 글자로 줄여서 "민"이라고 자칭하지는 않으리라. 나 자신을 3인칭으로 부르지 않으리라. "민은 이렇게 생각한답니다"와 같은 문장을 쓰지 않으리라. "사랑하는 나의 희에게, 희로부터 애달픈 사랑을 듬뿍 받고 싶은 민으로부터"와 같은 표현은 결코 구사하지 않으리라.

심정지가 올 정도로 느끼한 문장으로 가득 찬 그 연애편지가 하도 인상적이어서, 그 작품을 만든 친구 부인에게 이거 대체 누가 쓴 편지냐고 물었다. 그러자 천연덕스럽게 "대학 시절 연애할 때 제 남편이 제게 보낸 편지예요"라는 대답이 돌아왔다. 아, 과학자의 탈을 쓴 그 친구에게 이와 같은 면모가 있었다니! 며칠 뒤, 그 친구를 만날 기회가 있었을 때 급기야 ⊙ "그거 네가 쓴 연애편지라며?"라고 묻고 말았다. 그랬더니 평소 감정의 큰 기복이 없던 그 친구가 정서적 동요를 보이면서, 자신도 전시회에서 그 편지를 보고 그 내용과 표현에 큰 충격을 받았다고 털어놓았다. 놀리고 싶어진 나는 왜 그런 느끼한 표현을 썼느냐고 따져 물었다. 그러자 그 친구는 갑자기 과학자다운 평정심을 잃고 고성을 질러댔다. "그 편지를 쓰던 때의 나와 지금의 나는 다른 사람이라고 생각해! 내가 왜 그랬냐고 묻지 마!" 그러고는 벌떡 일어나 괴성을 지르며 나를 할퀴었다. 그 더러운 손톱에 할퀴어지는 바람에, 내 손목은 진리를 위해 순교한 중세 성인처럼 피를 흘렸다.

그 친구의 이러한 난동은 정체성의 질문이란 위기 상황에서 제기되는 것임을 잘 보여준다. 자신이 받아들이고 싶지 않은 과거를 부정하기 위해, 기존에 가지고 있던 자기 정체성을 스스로 파괴하려 들었던 것이다. 하나의 통합된 인격과 내력을 가진 인간으로 살아가기를 포기한 것이다. 오늘도 그는 그 느끼한 연애편지를 쓰던 자신과 현재의 '쿨한' 자신을 화해시키고, 새 시대에 맞는 새로운 정체성을 구성하기 위해 '인문학적으로' 씨름하고 있으리라.

추석을 맞아 모여든 친척들은 늘 그러했던 것처럼 당신의 근황에 과도한 관심을 가질 것이다. 취직은 했는지, 결혼할 계획은 있는지, 아이는 언제 낳을 것인지, 살은 언제 뺄 것인지 등등. 그러나 21세기의 냉정한 과학자가 느끼한 연애편지를 쓰던 20세기 청년이 더 이상 아니듯이, 당신도 과거의 당신이 아니며, 친척도 과거의 친척이 아니며, 가족도 옛날의 가족이 아니며, 추석도 과거의 추석이 아니다. 따라서 "그런 질문은 집어치워 주시죠"라는 시선을 보냈는데도 불구하고 친척이 명절을 핑계로 집요하게 당신의 인생에 대해 캐물어 온다면, 그들이 평소에 직면하지 않았을 근본적인 질문을 던지는 게 좋다. 당숙이 "너 언제 취직할 거니"라고 물으면, "곧 하겠죠, 뭐"라고 얼버무리지 말고 "당숙이란 무엇인가"라고 대답하라. "추석 때라서 일부러 물어보는 거란다"라고 하거든, "추석이란 무엇인가"라고 대답하라. 엄마가 "너 대체 결혼할 거니 말 거니"라고 물으면, "결혼이란 무엇인가"라고 대답하라. 거기에 대해 "얘가 미쳤나"라고 말하면, "제정신이란 무엇인가"라고 대답하라. 아버지가 "손주라도 한 명 안겨다오"라고 하거든 "후손이란 무엇인가". "늘그막에 외로워서 그런단다"라고 하거든 "외로움이란 무엇인가". "가족끼리 이런 이야기도 못하니"라고 하거든 "가족이란 무엇인가". 정체성에 관련된 이러한 대화들은 신성한 주문이 되어 해묵은 잡귀와 같은 오지랖들을 내쫓고 당신에게 자유를 선사할 것이다. 칼럼이란 무엇인가.
- 김영민 서울대 교수, [사유와 성찰] 추석이란 무엇인가 - 2018. 9. 21. 경향신문 칼럼 중

[1] 본문에서 저자는 ㉠과 같은 질문을 어떠한 질문으로 보고 있는가?

____

[2] 위의 글을 읽고 <보기>의 빈 칸들에 적절한 단어를 작성하시오.

〈 보 기 〉

　　김영민 교수의 칼럼 "추석이란 무엇인가" 는 사회적으로 상당히 큰 반향을 일으켰다. 우선 존재와 정체성에 대한 상당히 심도 깊은 이론을 친구와 같은 구체적인 (①)를 통해 설명함으로써 독자의 이해를 크게 돕고 있다. 또한 추석 명절과 같이 많은 사람들이 공감대를 형성하는 소재로 연결함으로써 독자에게 친근하게 다가가고 편안하게 설명하고 있다. 특히 "당숙이 "너 언제 취직할 거니" 라고 물으면, "곧 하겠죠, 뭐" 라고 얼버무리지 말고 "당숙이란 무엇인가" 라고 대답하라. "추석 때라서 일부러 물어보는 거란다" 라고 하거든, "추석이란 무엇인가" 라고 대답하라." 는 식으로 (②)적인 표현을 통해 현상보다 본질적인 정체성에 대한 문제의식을 가질 것을 독자에게 분명하게 강조하고 있다.

① _______________________

② _______________________

[3~4] 다음 글을 읽고 물음에 답하시오.

[앞부분 줄거리] 중국 송나라 문제 때 충신 조 승상이 이두병의 참소로 죽는다. 후에 문제가 죽고 간신 이두병이 태자의 왕위를 찬탈하자 조 승상의 아들인 조웅은 어머니와 함께 도망쳐 고난을 겪던 중 어머니를 한 절에 모신 후 세상으로 나와 한 노인을 만난다.

　"그대 이름이 웅이냐?"
　대 왈,
　"웅이옵거니와 존공은 어찌 소자의 이름을 아시나니이까?"
　노옹 왈,
　"자연 알거니와, 하늘이 보검을 주시매 임자를 찾아 전코자 하여 사해 팔방을 두루 다니더니, 수개월 전에 장성(將星)*이 강호에 비치거늘, 찾아와 수개월을 기다리되 종시 만나지 못하매, 극히 괴이하여 밤마다 천기를 보니 강호에 떠나지 아니하고, 그대의 행색이 짝 없이 곤박하매 분명 유리걸식하는 줄 짐작하였거니와, 찾을 길이 없어 방을 써 붙이고 만나기를 기다렸나니, 그대 만남이 어찌 이리 늦은가?"
하며 칼을 내어 주거늘, 웅이 머리를 조아리며 고맙다고 인사하고 칼을 받아 보니, 길이 삼척이 넘고 칼 가운데 금자(金字)로 새겼으되, '조웅검' 이라 하였거늘, 웅이 다시 절하고 왈,
　"귀중한 보검을 거저 주시니 은혜 백골난망이라. 어찌 갚사오리이까?"

  노옹 왈,

  "그대의 보배라. 나는 전할 따름이니 어찌 은혜라 하리오?"

하고 웅을 데리고 수일을 유하고 못내 사랑하다가 이별하여 왈,

  "훌훌하거니와 그대 갈 길이 바쁘니 부디 힘써 대명(大命)을 이루게 하라."

  웅 왈,

  "어디로 가면 어진 선생을 얻어 보오리까?"

  노옹 왈,

  "이제 남방으로 칠백 리를 가면 관산이란 뫼가 있고 그 산중에 철관 도사 있나니, 정성이 지극하면 만나보려니와, 그렇지 아니하면 낭패할 것이니 각별히 살펴 선생을 정하라."

(중략)

  이때 철관 도사 산중에 그윽이 앉아 그 거동을 보더니, 벽상에 글 쓰고 감을 보고 마음에 불쌍히 여겨 급히 내려와 벽의 글을 보니, 그 글에 하였으되,

  기작십년객(幾作十年客)이 / 영견만리외(迎見萬里外)라
  몽택(夢澤)에 용유비(龍有飛)어늘 / 시성(是誠)이 미달야(未達也)라.
  (십 년을 지내 온 나그네가 / 만리 밖에서 찾아보도다.
  흐린 연못에 용이 있어 날아오르거늘 / 이 정성이 도달하지 않는구나.)

  도사 보기를 다하매 대경하여 급히 동자를 산 밖에 보내어 청하니, 웅이 동자를 보고 문 왈,

  "선생이 왔더니까?"

  동자 왈,

  "이제야 와서 청하시나이다."

  웅이 반겨 동자를 따라 들어가니 도사가 시문에 나와 웅의 손을 잡고 혼연 소 왈,

  "험난한 산길에 여러 번 고생하도다."

하고 동자로 하여금 석반을 재촉하여 주거늘 웅이 먹은 후에 치사 왈,

  "여러 날 주린 창자에 선미(善味)를 많이 먹으니 향기가 배에 가득한지라 감사하여이다."

  "그대 먹는 양을 어찌 알아서 권하였으리오?"

하고 책 두 권을 주며,

  "이 글을 보라."

하거늘, 웅이 무릎을 꿇고 펼쳐 보니 이는 성경현전(聖經賢傳)*이라. 다 본 후에 다른 책을 청하니, 도사가 웃고 육도삼략(六韜三略)*을 주기에 받아 가지고 큰 소리로 읽으니, 도사 더욱 기특히 여겨 천문도(天文圖) 한 권을 주거늘, 받아 보니 기묘한 법이 많은지라. 도사의 가르치는 술법을 배우니 의사(意思) 광활하고 눈앞의 일을 모를 것이 없더라.

  일일은 석양이 서쪽으로 기울고 새들이 자려고 숲으로 들어갈 제, 광풍이 대작하며 무슨 소리 벽력같이 산악을 울리거늘 웅이 대경하여 왈,

  "이곳에 어찌 짐승이 있나니까?"

한대, 도사 왈,

"다름이 아니라 내 집에 심히 늙은 암말을 두었으되 수척하여 날이 새면 산중에 놓아기르더니 하루는 천지진동하며 산중이 요란하거늘, 괴이하여 말을 찾아 마장(馬場)에 들어가니 오색구름이 만산하여 지척을 분별치 못하고 말이 없더니, 이윽하여 뇌성이 그치고 구름이 걷혀 오며 말이 몸을 적시고 정신없이 섰거늘, 진정하여 이끌고 집에 와 여물과 죽을 먹여 두었더니 새끼를 배어 낳은 후 몇 달이 못 되어 어미는 죽고 새끼는 살았으되, 사람이 임의로 이끌지 못하고 점점 자라나매 사람이 근처에 가지 못하고 날이 새면 산중에 숨고 밤이면 구유 아래 자고 새벽바람에 고함치고 가니 사람이 상할까 염려라."

하거늘, 웅이 다시 보니 높고 높은 층암절벽으로 나는 듯이 오르고 내리기는 비호(飛虎)라도 당치 못할러라. 이윽하여 들어오거늘 웅이 내달아 소리를 크게 지르니 그 말이 이윽히 보다가 머리를 들고 굽을 치며 공순하거늘 웅이 경계하여 왈,

"말이 사람과 마찬가지라. 임자를 모르는다?"

그 말이 고개를 들고 냄새를 맡으며 꼬리를 치며 반기는 듯하거늘 웅이 크게 기뻐 목을 안고 굴레를 갖추어 마구간에 매고 도사에게 청하여 왈,

"이 말의 값을 의논컨대 얼마나 하나이까?"

도사 왈,

"하늘이 용마(龍馬)를 내시매 반드시 임자 있거늘, 이는 그대의 말이라. 남의 보배를 내 어찌 값을 의논하리오? 임자 없는 말이 사람을 상할까 염려하더니, 오늘 그대에게 전하니 실로 다행이로다."

웅이 감사 배(拜) 왈,

"도덕문(道德門)에 구휼하옵신 은덕 망극하옵거늘, 또 천금준마를 주시니 은혜가 더욱 난망이로소이다."

도사 왈,

"곤궁(困窮)함도 그대의 운수요, 영귀(榮貴)함도 그대의 운수라. 어찌 나의 은혜라 하리오?"

웅이 도사를 더욱 공경하여 도업(道業)을 배우니 일 년이 지나자 신통 묘술을 배워 달통하니 진실로 괄목상대(刮目相對)러라.

- 작자 미상, 「조웅전」

*장성: 어떤 사람에게 응한 별.
*성경현전: 성인들과 현인들이 지은 책.
*육도삼략: 중국의 병서. 『육도』와 『삼략』을 아울러 이르는 말로, 중국 고대 병학(兵學)의 최고봉인 '무경칠서(武經七書)' 중 두 가지의 책.

[3] 위의 글에서 조웅이 "괄목상대"해지기까지 받은 것들은 무엇이 있는지 네 가지 이상 작성하시오.

[4] 위의 글을 읽고 아래의 <보기>의 빈 칸을 채워보시오.

[5~6] 다음 글을 읽고 물음에 답하시오. (자연계학생은 6번까지만 풀어주세요)

어찌 생긴 몸이 이토록 우활*한가
우활도 우활할샤 그토록 우활할샤
이봐 벗님네야 우활한 말 들어 보소
이내 젊었을 때 우활함이 그지없어
이 몸 생겨남이 금수와 다르므로
애친경형* 충군제장* 내 분수로 여겼더니
하나도 못 이루고 세월이 늦어지니
평생 우활은 날 따라 길어 간다
아침이 부족한들 저녁을 근심하며
한 칸 초가집이 비 새는 줄 알았던가
현순백결(懸鶉百結)*이 부끄러움 어이 알며
어리석고 미친 말이 미움받을 줄 알았던가

우활도 우활할샤 그토록 우활할샤
봄 산의 꽃을 보고 돌아올 줄 어이 알며
여름 정자에 잠을 들어 꿈 깰 줄 어이 알며
가을 하늘에 달 맞아 밤드는 줄 어이 알며
겨울 눈에 시흥(詩興) 겨워 추움을 어이 알리
사시가경에 어찌할 줄 모르도다
말로(末路)에 버린 몸이 무슨 일을 염려할까
세속의 시비 듣도 보도 못하거든
이 몸의 처지에 백년을 근심할까

우활할샤 우활할샤 그토록 우활할샤

아침에 누웠고 낮에도 그러하니

하늘이 준 우활을 내 설마 어이하리

그래도 애달프다 고쳐 앉아 생각하니

이 몸이 늦게 태어나 애달픈 일 많고 많다

일백 번 다시 죽어 옛사람 되고 싶네

태평성대에 잠깐이나 놀아 보면

요순* 일월(日月)을 잠시나마 쬘 것을

순박한 풍속이 경박하게 되었도다

번잡한 정회(情懷)를 누구에게 이르려는가

태산에 올라가 온 세상이나 다 바라보고 싶네

성현 살던 세상 두루 살펴 학업 닦던 자취 보고 싶네

주공(周公)*은 어디 가고 꿈에도 뵈지 않는가

매우 심한 나의 삶을 슬퍼한들 어이하리

만리에 눈뜨고 태고에 뜻을 두니

우활한 마음이 가고 아니 오는구나

세상에 혼자 깨어 누구에게 말을 할까

축타*의 말솜씨를 이제 배워 어이하며

송조*의 미모를 얽은 낯에 잘할는가

산에 나는 풀과 열매* 어디서 얻어먹으려뇨

미움받고 사랑받지 못함이 다 우활의 탓이로다

이리 헤아리고 저리 헤아리고 다시 헤아리니

평생의 모든 일이 우활 아닌 일 없도다

이 우활 거느리고 백년을 어이하리

아이야 잔 가득 부어라 취하여 내 우활 잊자

- 정훈, 「우활가」

*우활: 사리에 어둡고 세상 물정을 잘 모름.   *애친경형: 어버이를 사랑하고 형을 공경함.

*충군제장: 임금에게 충성하고 어른에게 공손함.   *현순백결: 옷이 해어져 백 군데나 기웠다는 뜻.

*요순: 요순시대를 이름.

*주공: 주나라 문왕의 아들이자 무왕의 동생. 주나라 건국 초기에 큰 공을 세운 충신.

*축타: 위나라의 대부로서 종묘 제사를 관장하는 벼슬을 지낸 사람. 교묘한 말솜씨로 유명함.

*송조: 송나라의 공자. 엄청난 미남으로 알려짐.

*산에 나는 풀과 열매: 원문은 '우첨산초실'임. 우첨산초(右詹山草)는 옥황상제의 딸이 변한 것으로, 이 열매를 먹으면 다른 사람이 나를 좋아할 수 있게 만든다고 함.

[5] 위 시의 화자가 사람의 본분으로서 생각했던 두 가지 행동은 무엇인지 두 단어로 작성하시오.

____

[6] 위 시의 화자의 현재 경제적 상황을 직접적으로 보여주는 두 가지를 작성하시오.

____

[7~8] 다음 글을 읽고 물음에 답하시오.

(가)
산산이 부서진 이름이여!
허공중에 헤어진 이름이여!
불러도 주인 없는 이름이여!
부르다가 내가 죽을 이름이여!

심중에 남아 있는 말 한마디는
끝끝내 마저 하지 못하였구나.
사랑하던 그 사람이여!
사랑하던 그 사람이여!

붉은 해는 서산마루에 걸리었다.
㉠사슴이의 무리도 슬피 운다.
떨어져 나가 앉은 산 위에서
나는 그대의 이름을 부르노라.

설움에 겹도록 부르노라.
설움에 겹도록 부르노라.
부르는 소리는 비껴가지만
하늘과 땅 사이가 너무 넓구나.

선 채로 이 자리에 돌이 되어도
부르다가 내가 죽을 이름이여!
사랑하던 그 사람이여!
사랑하던 그 사람이여!

- 김소월, 「초혼(招魂)」

(나)
뭐락카노, 저편 강기슭에서

니 뭐락카노, 바람에 불려서

이승 아니믄 저승으로 떠나는 뱃머리에서
나의 목소리도 바람에 날려서

뭐락카노 뭐락카노
썩어서 동아밧줄은 삭아 내리는데

하직을 말자 하직 말자
ⓛ인연은 갈밭을 건너는 바람

뭐락카노 뭐락카노 뭐락카노
니 흰 옷자라기만 펄럭거리고……

오냐. 오냐. 오냐.
이승 아니믄 저승에서라도……

이승 아니믄 저승에서라도
인연은 갈밭을 건너는 바람

뭐락카노, 저편 ⓒ강기슭에서
니 음성은 바람에 불려서

오냐. 오냐. 오냐.
나의 목소리도 바람에 날려서.

- 박목월, 「이별가」

- 2025학년도 EBS 수능특강 국어영역 문학 82쪽~

[7] ㉠과 ㉡의 표현에 관한 <보기>를 읽고 빈 칸 ①과 ②에 들어갈 적절한 표현을 쓰시오.

─────── < 보 기 > ───────

　　시에서는 화자의 정서를 부각하기 위해 다양한 표현법을 구사하고 있다. 예컨대 ㉠처럼
자연물을 ___①___ 하여 자연물에 투영된 화자의 정서를 보여줌으로써 감정 이입을 이끌어
내는 표현을 하기도 하고, ㉡처럼 비유법 중에서 ___②___ 을 활용하여 두 소재의 유사성을
생각하며 화자의 감정을 표출하기도 한다.

① ＿＿＿＿＿＿＿＿＿＿＿＿＿

② ＿＿＿＿＿＿＿＿＿＿＿＿＿

[8] 제시문 (나)의 '©'과 같은 의미를 가진 공간을 제시문 (가)에서 찾아 작성하시오.

---

[9] 다음 방송자료를 보고 물음에 답하시오.

> "㉠여읜 바늘 끝이 떨고 있는 한 바늘이 가리키는 방향을 믿어도 좋습니다(<떨리는 지남철> 글씨와 그림 : 신영복, 자료 : 돌베개)."
>
> 그는 떨리는 것이 지극히 자연스러운 일이라고 말했습니다. 동그란 나침반 안에 들어 있는 지남철. 그 자석의 끝은 끊임없이 흔들리는데, 그 흔들림이야말로 가장 정확한 방향을 찾아내기 위한 고뇌의 몸짓이라는 의미. 선배 세대가 남긴, '살아감'에 대한 통찰은 그러했습니다.
>
> "㉡정지 상태에 머물러 있으면 부패와 타락에 이르지만… 끊임없이 움직인다면 어쩌면 영원히 지속될 수 있지 않을까(올가 토카르추크 <방랑자들>)."
>
> 폴란드 작가 올가 토카르추크 역시 끊임없이 움직이며 방황하는 존재들을 작품에 담았습니다. 삶이란 누구에게나 공평하게 불안정한 것이니 흔들리고 방황하며 실패할지라도 그는 계속 움직여야 한다고 말합니다…
>
> – 2019. 12. 31. JTBC 뉴스룸 손석희의 앵커브리핑 947회 중 일부

[9] <보기>는 위의 방송을 시청한 시청자가 남긴 소감문이다. 빈 칸에 해당하는 것으로 적절한 것은?

〈 보 기 〉

앵커의 마지막 브리핑이었다는 점에서 더욱 강한 여운을 느꼈다. 두 작가의 글을 (   ) 하고 그것을 각각 풀어 설명하는 과정에서 앵커는 담담하게 그러나 반복적으로 중요한 내용을 말하고 있었다. 이를 통해 방황할지라도 계속 방향을 찾아 흔들릴 때 비로소 우리는 살아 있는 존재가 된다는 것을 다시 한 번 깊이 느낄 수 있었다.

약술형논술대비_모의고사

대치코어국어학원

모의고사 1.

1. 1이 아닌 두 자연수 a, n에 대하여 $\sqrt{a\sqrt[3]{a^2}}$ 이 어떤 자연수의 n제곱근이 되도록 하는 n의 최솟값을 $f(a)$라 할 때, $f(2)+f(3)+\cdots+f(34)$의 값을 구하는 과정을 서술하시오.

2. 삼각형 ABC가 다음 조건을 만족시킬 때, $4(\sin A + \sin B + \sin C)$의 값을 구하시는 과정을 서술하시오.

> (가) 삼각형 ABC의 둘레의 길이는 $15\sqrt{3}$ 이다.
> (나) 삼각형 ABC의 외접원의 넓이는 12π이다.

모의고사 | **3.**

3. $a_4 = \dfrac{3}{4}$, $a_{13} = 48$이고 공비가 실수인 등비수열 $\{a_n\}$에 대하여

$$b_n = a_{3n-2} \ (n = 1,\ 2,\ 3, \cdots)$$

이라 하자.

(1) 수열 $\{a_n\}$의 일반항을 구하시오.

(2) 수열 $\{b_n\}$의 일반항을 구하시오.

(3) 수열 $\{b_n\}$의 첫째항부터 제5항까지의 합을 구하시오.

모의고사	**4.**

4. x에 대한 방정식 $x^3+6x+5=a$는 a의 값에 관계없이 항상 서로 다른 실근의 개수가 1이다. 이 실근이 열린구간 $(0,\ 1)$에 존재하도록 하는 모든 자연수 a의 값의 합을 구하는 과정을 서술하시오.

5. 최고차항의 계수가 1인 삼차함수 $f(x)$와 실수 a가 다음 조건을 만족시킬 때, $f'(a)$의 값을 구하는 과정을 서술하시오.

$$\text{(가)}\ f(a) = f(2) = f(6)$$
$$\text{(나)}\ f'(2) = -4$$

6. 실수 전체의 집합에서 연속인 함수 $f(x) = \begin{cases} -x+2 & (x \leq 2) \\ ax+b & (x > 2) \end{cases}$ 이 $\int_0^3 f(x)dx > 5$를 만족시키도록 하는 두 정수 a, b에 대하여 다음 물음에 답하시오.

(1) 연속 조건을 이용해 a와 b의 관계식을 구하시오.

(2) 정적분 조건을 이용해 a의 최솟값을 구하시오.

(3) (1), (2)의 조건을 이용해 $|ab|$의 최솟값을 구하시오.

7. 수열 $\{a_n\}$에 대하여 $a_1 + a_2 + a_3 + \cdots + a_n = S_n$이라 하면

$$a_1 = 1, \quad 3S_{n+1} = (n+3)a_{n+1} \quad (n = 1, 2, 3, \cdots)$$

이 성립할 때, $a_k = 78$를 만족시키는 자연수 k의 값을 구하는 과정을 서술하시오.

모의고사 | **8.**

8. 실수 x에 대한 삼차방정식 $x^3 - 3x + 2 = t$의 실수 t의 값에 따른 실근의 개수 $f(t)$라고 하자. 실수 t에 대한 방정식 $f(t) = kt + 4$의 실근의 개수가 2가 되기 위한 실수 k의 값의 범위가 $a < k < b$ 또는 $b < k < c$이다. 상수 a, b, c에 대하여 $20(a+b+c)^2$의 값을 구하는 과정을 서술하시오.

9. 다음 그림과 같이 좌표평면 위의 두 점 $A(2, 0)$, $B(0, 3)$을 지나는 직선과 곡선 $y = ax^2$ $(a > 0)$ 및 y축으로 둘러싸인 부분 중에서 제1사분면에 있는 부분의 넓이를 S_1이라 하자. 또, 직선 AB와 곡선 $y = ax^2$ 및 x축으로 둘러싸인 부분의 넓이를 S_2라 하자. $S_1 : S_2 = 13 : 3$일 때, 상수 a의 값을 구하는 과정이다.

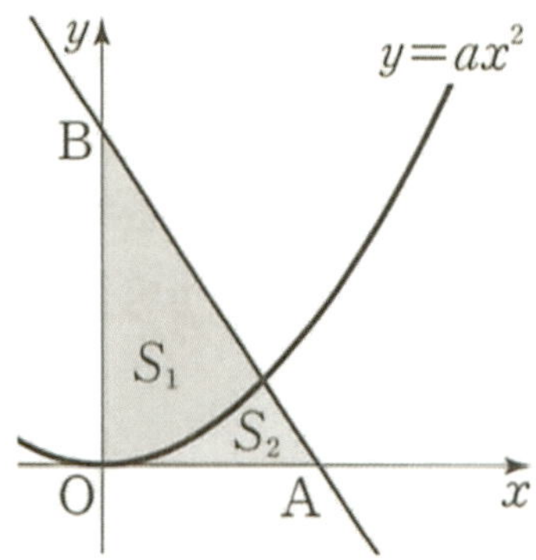

두 점 $A(2, 0)$, $B(0, 3)$을 지나는 직선의 방정식은 $y = \boxed{①}$ 이고, 이 직선과 곡선 $y = ax^2$ $(a > 0)$의 교점의 x좌표를 p라 하면

$$\boxed{②} = ap^2 \quad \cdots\cdots ㉠$$

$$\therefore S_1 = \int_0^p \left\{ \boxed{①} - ax^2 \right\} dx = \boxed{②} \quad \cdots\cdots ㉡$$

한편, $S_1 + S_2 = \triangle BOA = \dfrac{1}{2} \times 2 \times 3 = 3$

$S_1 : S_2 = 13 : 3$이므로

$$S_1 = \triangle BOA \times \dfrac{13}{16} = 3 \times \dfrac{13}{16} = \dfrac{39}{16} \quad \cdots\cdots ㉢$$

㉡, ㉢에서 $\boxed{②} = \dfrac{39}{16}$이므로

$$\therefore p = \boxed{③} \quad (\because 0 < p < 2)$$

이것을 ㉠에 대입하면 $\therefore a = \boxed{④}$

① ~ ④에 알맞은 값을 써 넣으시오.

① : _______________________________________

② : _______________________________________

③ : _______________________________________

④ : _______________________________________

약술형논술대비_모의고사

정답 및 해설

대치코어국어학원

1) 178

[해설]

$\sqrt{a\sqrt[3]{a^2}}$ 이 어떤 자연수 m의 n제곱근이므로 $m^{\frac{1}{n}} = \sqrt{a\sqrt[3]{a^2}}$ 이다.

$m^{\frac{1}{n}} = \sqrt{a\sqrt[3]{a^2}} = a^{\frac{1}{2}} \times (a^2)^{\frac{1}{6}} = a^{\frac{5}{6}}$ 에서 $m = a^{\frac{5n}{6}}$ 이 자연수가 되어야 한다.

이때, $a^{\frac{5n}{6}}$ 이 자연수가 되는 n의 최솟값을 구하면

ⅰ) $a = 2^2,\ 3^2,\ 4^2,\ 5^2$일 때

$(2^2)^{\frac{5n}{6}} = 2^{\frac{5n}{3}}$ 에서 n의 최솟값은 3이므로 $f(4) = 3$이다.

같은 방법으로 $f(9) = f(16) = f(25) = 3$이다.

ⅱ) $a = 2^3,\ 3^3$일 때

$(2^3)^{\frac{5n}{6}} = 2^{\frac{5n}{2}}$ 에서 n의 최솟값은 2이므로 $f(8) = 2$이다.

같은 방법으로 $f(27) = 2$이다.

ⅲ) a가 4, 8, 9, 16, 25, 27을 제외한 나머지 수 일 때

$2^{\frac{5n}{6}}$ 에서 n의 최솟값은 6이므로 $f(2) = 6$이다.

같은 방법으로 나머지 모든 수들의 $f(a)$의 값은 6이다.

ⅰ)~ⅲ)에 의해서

$f(2) + f(3) + \cdots + f(34)$의 값을 구하면 3이 4개, 2가 2개, 6이 27개 이므로

$f(2) + f(3) + \cdots + f(34) = (3 \times 4) + (2 \times 2) + (6 \times 27) = 178$

답안	배점
$a = 2^2,\ 3^2,\ 4^2,\ 5^2$일 때, $f(4) = 3$, $f(9) = f(16) = f(25) = 3$	2점
$a = 2^3,\ 3^3$일 때, $f(8) = 2$, $f(27) = 2$	2점
a가 4, 8, 9, 16, 25, 27을 제외한 나머지 수 일 때 $f(2) = 6$	2점
$f(2) + f(3) + \cdots + f(34) = 178$	4점

2) 15

[해설]

삼각형 ABC의 외접원의 반지름의 길이를 $R\ (R > 0)$이라 하면 조건 (나)에 의하여 $\pi R^2 = 12\pi$, $R^2 = 12$

$R > 0$이므로 $R = 2\sqrt{3}$

$\overline{AB} = c$, $\overline{BC} = a$, $\overline{CA} = b$라 하면 조건 (가)에 의하여 $a + b + c = 15\sqrt{3}$

또한 삼각형 ABC의 외접원의 반지름의 길이가 $2\sqrt{3}$이므로 사인법칙에 의하여

$$\frac{a}{\sin A} = \frac{b}{\sin B} = \frac{c}{\sin C} = 2 \times 2\sqrt{3} = 4\sqrt{3}$$

따라서 $\sin A = \dfrac{\sqrt{3}}{12}a$, $\sin B = \dfrac{\sqrt{3}}{12}b$, $\sin C = \dfrac{\sqrt{3}}{12}c$이므로

$$4(\sin A + \sin B + \sin C) = 4 \times \frac{\sqrt{3}}{12}(a+b+c) = \frac{\sqrt{3}}{3} \times 15\sqrt{3} = 15$$

답안	배점
$R = 2\sqrt{3}$	2점
$a + b + c = 15\sqrt{3}$	3점
$\sin A = \dfrac{\sqrt{3}}{12}a$, $\sin B = \dfrac{\sqrt{3}}{12}b$, $\sin C = \dfrac{\sqrt{3}}{12}c$	2점
15	2점

3) (1) $a_n = \dfrac{3}{16} \times r^{n-1}$ (2) $b_n = a_{3n-2} = \dfrac{3}{16} \times 4^{n-1}$ (3) $T_5 = \dfrac{(2^{10}-1)}{16}$

[해설]

등비수열 $\{a_n\}$의 공비를 r이라 하면

$a_4 = \dfrac{3}{4}$, $a_{13} = 48$에서 $\dfrac{a_{13}}{a_4} = r^9 = \dfrac{48}{\dfrac{3}{4}} = 64$

이고 r은 실수이므로 $r^3 = 4$

이때 $a_4 = a_1 r^3 = 4a_1 = \dfrac{3}{4}$이므로 $a_1 = \dfrac{3}{16}$

한편, $a_n = \dfrac{3}{16} \times r^{n-1}$이므로

$b_n = a_{3n-2} = \dfrac{3}{16} \times r^{3n-3} = \dfrac{3}{16} \times (r^3)^{n-1} = \dfrac{3}{16} \times 4^{n-1}$

즉, 수열 $\{b_n\}$은 첫째항이 $b_1 = a_1 = \dfrac{3}{16}$이고 공비가 4인 등비수열이다. 따라서 수열 $\{b_n\}$의 첫째항부터 제 5항까지의 합을 T_5라 하면

$T_5 = \dfrac{\dfrac{3}{16}(4^5-1)}{4-1} = \dfrac{(2^{10}-1)}{16}$

답안	배점
$a_n = \dfrac{3}{16} \times r^{n-1}$	4점
$b_n = a_{3n-2} = \dfrac{3}{16} \times 4^{n-1}$	3점
$T_5 = \dfrac{(2^{10}-1)}{16}$	3점

4) 51

[해설]

함수 $f(x)$를 $f(x) = x^3 + 6x + 5 - a$라 하면 함수 $f(x)$는 실수 전체의 집합에서 연속이므로 닫힌구간 $[0, 1]$에서도 연속이다.
방정식 $f(x) = 0$은 a의 값에 관계없이 항상 서로 다른 실근의 개수가 1이므로 $f(0)f(1) < 0$이면 사잇값의 정리에 의하여 이 실근이 열린구간 $(0, 1)$에 존재한다.
$f(0) = 5 - a$, $f(1) = 1 + 6 + 5 - a = 12 - a$이므로 $f(0)f(1) < 0$에서
$(5-a)(12-a) < 0$, $(a-5)(a-12) < 0$, $5 < a < 12$
따라서 자연수 a는 6, 7, 8, 9, 10, 11이고 모든 자연수 a의 값의 합은 $6+7+8+9+10+11 = 51$

답안	배점
$f(0)f(1) < 0$이면 사잇값의 정리에 의하여 이 실근이 열린구간 $(0, 1)$에 존재한다.	2점
$f(0) = 5 - a$, $f(1) = 1 + 6 + 5 - a = 12 - a$	2점
$5 < a < 12$	3점
$6+7+8+9+10+11 = 51$	3점

5) 5

[해설]

조건 (가)에서 $f(a) = f(2) = f(6) = k$ (k는 상수)로 놓으면 $f(a) - k = f(2) - k = f(6) - k = 0$
이때, $g(x) = f(x) - k$라 하면 삼차함수 $f(x)$의 x^3의 계수가 1이고 $g(a) = g(2) = g(6) = 0$이므로
$g(x) = (x-a)(x-2)(x-6)$ 이다. 따라서 $f(x) = (x-a)(x-2)(x-6) + k$
$f'(x) = (x-2)(x-6) + (x-a)(x-6) + (x-a)(x-2)$

이고, 조건 (나)에서 $f'(2) = -4$이므로

$-4(2-a) = -4$, $4a = 4$, $a = 1$

$f'(a) = (a-2)(a-6) = (-1) \times (-5) = 5$

답안	배점
$f(x) = (x-a)(x-2)(x-6) + k$	3점
$f'(x) = (x-2)(x-6) + (x-a)(x-6) + (x-a)(x-2)$	3점
$a = 1$	2점
$f'(a) = 5$	2점

6) (1) $b = -2a$ (2) 정수 a의 최솟값은 7 (3) 98

[해설]

함수 $f(x) = \begin{cases} -x+2 & (x \le 2) \\ ax+b & (x > 2) \end{cases}$ 이 실수 전체의 집합에서 연속이므로 $x = 2$에서 연속이다.

함수 $f(x)$가 $x = 2$에서 연속이므로 $\lim\limits_{x \to 2-} f(x) = \lim\limits_{x \to 2+} f(x) = f(2)$이 성립하고 $\lim\limits_{x \to 2-} f(x) = \lim\limits_{x \to 2-} (-x+2) = 0$,

$\lim\limits_{x \to 2+} f(x) = \lim\limits_{x \to 2+} (ax+b) = 2a+b$,

$f(2) = -2+2 = 0$이므로 $2a+b = 0$, 즉 $b = -2a$

이때 $f(x) = \begin{cases} -x+2 & (x \le 2) \\ ax-2a & (x > 2) \end{cases}$ 이므로

$$\int_0^3 f(x)dx = \int_0^2 f(x)dx + \int_2^3 f(x)dx = \int_0^2 (-x+2)dx + \int_2^3 (ax-2a)dx$$

$$= \int_0^2 (-x+2)dx + a\int_2^3 (x-2)dx = \left[-\frac{1}{2}x^2 + 2x \right]_0^2 + a \times \left[\frac{1}{2}x^2 - 2x \right]_2^3$$

$$= (-2+4) + a \times \left\{ \left(\frac{9}{2} - 6 \right) - (2-4) \right\} = 2 + a \times \left(-\frac{3}{2} + 2 \right) = 2 + \frac{1}{2}a > 5$$

에서 $a > 6$ 따라서 정수 a의 최솟값은 7이므로

$|ab| = |a \times (-2a)| = 2a^2$의 최솟값은 98이다.

답안	배점
$b = -2a$	3점
$a > 6$, 정수 a의 최솟값은 7	4점
$|ab| = |a \times (-2a)| = 2a^2$의 최솟값은 98	3점

7) $k = 12$

[해설]

$a_1 = 1$이고, $3S_{n+1} = (n+3)a_{n+1}$ ...... ㉠이라 하면

$3S_n = (n+2)a_n$ ...... ㉡이다.

㉠-㉡을 하면

$3(S_{n+1} - S_n) = (n+3)a_{n+1} - (n+2)a_n$

$3a_{n+1} = (n+3)a_{n+1} - (n+2)a_n$, $na_{n+1} = (n+2)a_n$

$\therefore a_{n+1} = \frac{n+2}{n}a_n$

위의 식의 n에 $1, 2, 3, \cdots, n-1$을 차례대로 대입하여 변끼리 곱하면

$$a_2 = \frac{3}{1}a_1$$

$$a_3 = \frac{4}{2}a_2$$

$$a_4 = \frac{5}{3}a_3$$

$$\vdots$$

$$a_{n-1} = \frac{n}{n-2}a_{n-2}$$

$$\times \quad a_n = \frac{n+1}{n-1}a_{n-1}$$

$$a_n = \frac{3}{1} \times \frac{4}{2} \times \frac{5}{3} \times \cdots \times \frac{n}{n-2} \times \frac{n+1}{n-1} \times a_1 = \frac{n(n+1)}{2}$$

$a_k = 78$에서 $\dfrac{k(k+1)}{2} = 78$, $k^2 + k - 156 = 0$

$(k+13)(k-12) = 0$에서 k는 자연수이므로 $k = 12$

답안	배점
$a_{n+1} = \dfrac{n+2}{n}a_n$	3점
$a_n = \dfrac{n(n+1)}{2}$	3점
$\dfrac{k(k+1)}{2} = 78$	2점
$k = 12$	2점

8) 45

[해설]

방정식 $x^3 - 3x + 2 = t$의 실근의 개수는 삼차함수 $y = x^3 - 3x + 2$의 그래프와 직선 $y = t$의 교점의 개수이다.

$g(x) = x^3 - 3x + 2$로 놓으면 $g'(x) = 3x^2 - 3$

$g'(x) = 0$에서 $x = 1$ 또는 $x = -1$

함수 $g(x)$의 증가, 감소를 표로 나타내면 다음과 같다.

x	$\cdots$	-1	$\cdots$	1	$\cdots$
$g'(x)$	$+$	0	$-$	0	$+$
$g(x)$	$\nearrow$	4	$\searrow$	0	$\nearrow$

따라서 $y = g(x)$의 그래프와 t의 값에 따른 $y = t$의 그래프는 다음 그림과 같다.

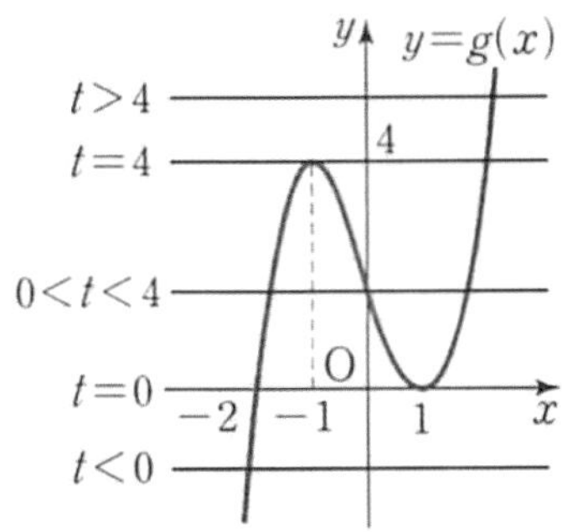

(ⅰ) $t = 0$, $t = 4$일 때, 실근의 개수는 2

(ⅱ) $t < 0$, $t > 4$일 때, 실근의 개수는 1

(ⅲ) $0 < t < 4$일 때, 실근의 개수는 3

따라서 함수 $y = f(t)$의 그래프는 다음과 같다.

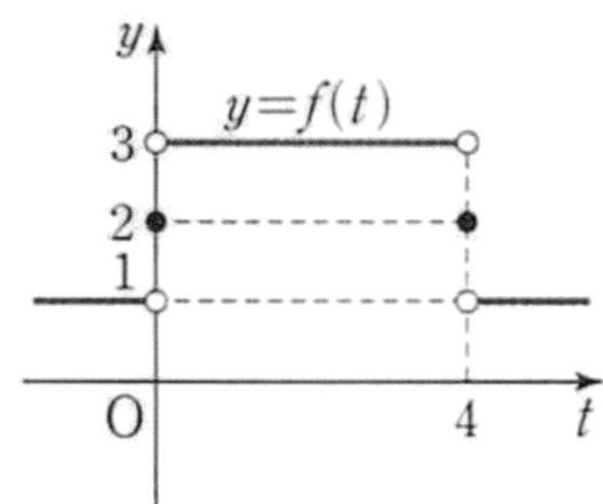

실수 t에 대한 방정식 $f(t)=kt+4$의 실근의 개수가 2이므로 $y=f(t)$와 $y=kt+4$의 그래프의 교점의 개수가 2이다.

$y=kt+4$는 k의 값에 관계없이 점 $(0,\ 4)$를 지나는 직선이므로 다음 그림과 같이

$$-\frac{3}{4}<k<-\frac{1}{2}\ \text{또는}\ -\frac{1}{2}<k<-\frac{1}{4}$$

일 때 교점의 개수가 2이다.

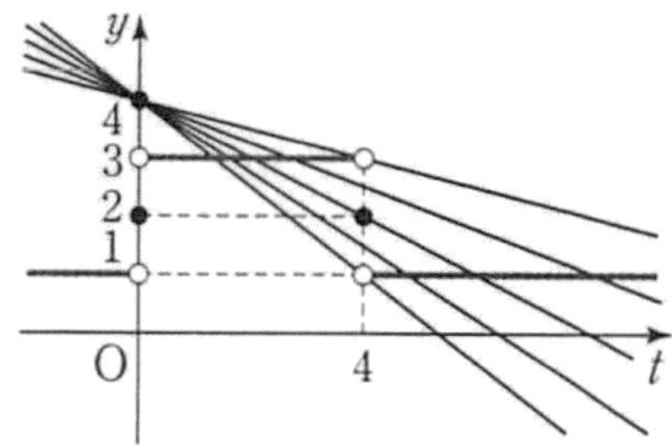

따라서 $a=-\frac{3}{4},\ b=-\frac{1}{2},\ c=-\frac{1}{4}$ 이므로

$$20(a+b+c)^2=20\times\frac{9}{4}=45$$

답안	배점
$t=0,\ t=4$일 때, 실근의 개수는 2	1점
$t<0,\ t>4$일 때, 실근의 개수는 1	1점
$0<t<4$일 때, 실근의 개수는 3	1점
$-\frac{3}{4}<k<-\frac{1}{2}$ 또는 $-\frac{1}{2}<k<-\frac{1}{4}$	3점
$a=-\frac{3}{4},\ b=-\frac{1}{2},\ c=-\frac{1}{4}$	2점
$20(a+b+c)^2=45$	2점

9)

[해설]

두 점 $A(2,\ 0)$, $B(0,\ 3)$을 지나는 직선의 방정식은 $y=-\frac{3}{2}x+3$이고, 이 직선과 곡선 $y=ax^2\ (a>0)$의 교점의 x좌표를 p라 하면

$$-\frac{3}{2}p+3=ap^2 \qquad \cdots\cdots\text{㉠}$$

$$\therefore\ S_1=\int_0^p\left\{\left(-\frac{3}{2}x+3\right)-ax^2\right\}dx=\left[-\frac{3}{4}x^2+3x-\frac{1}{3}ax^3\right]_0^p=-\frac{3}{4}p^2+3p-\frac{1}{3}ap^3$$

$$=-\frac{3}{4}p^2+3p-\frac{1}{3}p\left(-\frac{3}{2}p+3\right)\ (\because\ \text{㉠})$$

$$=-\frac{1}{4}p^2+2p \qquad \cdots\cdots\text{㉡}$$

한편, $S_1 + S_2 = \triangle \text{BOA} = \dfrac{1}{2} \times 2 \times 3 = 3$

$S_1 : S_2 = 13 : 3$이므로

$S_1 = \triangle \text{BOA} \times \dfrac{13}{16} = 3 \times \dfrac{13}{16} = \dfrac{39}{16}$ ······ⓒ

ⓛ, ⓒ에서 $-\dfrac{1}{4}p^2 + 2p = \dfrac{39}{16}$ 이므로

$4p^2 - 32p + 39 = 0,\ (2p-3)(2p-13) = 0$

$\therefore\ p = \dfrac{3}{2}\ (\because\ 0 < p < 2)$

이것을 ㉠에 대입하면

$\dfrac{9}{4}a = -\dfrac{9}{4} + 3 = \dfrac{3}{4}$ $\therefore\ a = \dfrac{3}{4} \times \dfrac{4}{9} = \dfrac{1}{3}$

답안	배점
① $y = -\dfrac{3}{2}x + 3$	3점
② $-\dfrac{1}{4}p^2 + 2p$	3점
③ $p = \dfrac{3}{2}$	2점
④ $a = \dfrac{1}{3}$	2점

가천대 논술 예시문제

정답 및 해설

가천대 논술 예시문제[1~4 통합, 해설 포함]

[1~2] 다음 글을 읽고 물음에 답하시오.

　… 내 친구가 그 좋은 예다. 그의 부인은 일상의 사물을 재료로 작품을 만드는 예술가인데, 얼마 전 전시회를 열었다. 전시된 작품 중에는 오래된 연애편지를 활용해서 만든 것도 있었다. 특이한 작품이라는 생각이 들어서 그 앞에서 작품의 소재가 된 옛 연애편지를 읽어보았다. 그런데 그 내용과 표현이 내 감수성이 받아들이기에는 너무 느끼해서 그만 그 자리에서 토할 뻔했다. 혹여 내가 연애편지를 쓰게 되는 상황에 다시 처한다면, "영민"이란 이름을 한 글자로 줄여서 "민"이라고 자칭하지는 않으리라. 나 자신을 3인칭으로 부르지 않으리라. "민은 이렇게 생각한답니다"와 같은 문장을 쓰지 않으리라. "사랑하는 나의 희에게, 희로부터 애달픈 사랑을 듬뿍 받고 싶은 민으로부터"와 같은 표현은 결코 구사하지 않으리라.

　심정지가 올 정도로 느끼한 문장으로 가득 찬 그 연애편지가 하도 인상적이어서, 그 작품을 만든 친구 부인에게 이거 대체 누가 쓴 편지냐고 물었다. 그러자 천연덕스럽게 "대학 시절 연애할 때 제 남편이 제게 보낸 편지예요"라는 대답이 돌아왔다. 아, 과학자의 탈을 쓴 그 친구에게 이와 같은 면모가 있었다니! 며칠 뒤, 그 친구를 만날 기회가 있었을 때 급기야 ㉠ "그거 네가 쓴 연애편지라며?"라고 묻고 말았다. 그랬더니 평소 감정의 큰 기복이 없던 그 친구가 정서적 동요를 보이면서, 자신도 전시회에서 그 편지를 보고 그 내용과 표현에 큰 충격을 받았다고 털어놓았다. 놀리고 싶어진 나는 왜 그런 느끼한 표현을 썼느냐고 따져 물었다. 그러자 그 친구는 갑자기 과학자다운 평정심을 잃고 고성을 질러댔다. "그 편지를 쓰던 때의 나와 지금의 나는 다른 사람이라고 생각해! 내가 왜 그랬냐고 묻지 마!" 그러고는 벌떡 일어나 괴성을 지르며 나를 할퀴었다. 그 더러운 손톱에 할퀴어지는 바람에, 내 손목은 진리를 위해 순교한 중세 성인처럼 피를 흘렸다.

　그 친구의 이러한 난동은 정체성의 질문이란 위기 상황에서 제기되는 것임을 잘 보여준다. 자신이 받아들이고 싶지 않은 과거를 부정하기 위해, 기존에 가지고 있던 자기 정체성을 스스로 파괴하려 들었던 것이다. 하나의 통합된 인격과 내력을 가진 인간으로 살아가기를 포기한 것이다. 오늘도 그는 그 느끼한 연애편지를 쓰던 자신과 현재의 '쿨한' 자신을 화해시키고, 새 시대에 맞는 새로운 정체성을 구성하기 위해 '인문학적으로' 씨름하고 있으리라.

　추석을 맞아 모여든 친척들은 늘 그러했던 것처럼 당신의 근황에 과도한 관심을 가질 것이다. 취직은 했는지, 결혼할 계획은 있는지, 아이는 언제 낳을 것인지, 살은 언제 뺄 것인지 등등. 그러나 21세기의 냉정한 과학자가 느끼한 연애편지를 쓰던 20세기 청년이 더 이상 아니듯이, 당신도 과거의 당신이 아니며, 친척도 과거의 친척이 아니며, 가족도 옛날의 가족이 아니며, 추석도 과거의 추석이 아니다. 따라서 "그런 질문은 집어치워 주시죠"라는 시선을 보냈는데도 불구하고 친척이 명절을 핑계로 집요하게 당신의 인생에 대해 캐물어 온다면, 그들이 평소에 직면하지 않았을 근본적인 질문을 던지는 게 좋다. 당숙이 "너 언제 취직할 거니"라고 물으면, "곧 하겠죠, 뭐"라고 얼버무리지 말고 "당숙이란 무엇인가"라고 대답하라. "추석 때라서 일부러 물어보는 거란다"라고 하거든, "추석이란 무엇인가"라고 대답하라. 엄마가 "너 대체 결혼할 거니 말 거니"라고 물으면, "결혼이란 무엇인가"라고 대답하라. 거기에 대해 "얘가 미쳤나"라고 말하면, "제정신이란 무엇인가"라고 대답하라. 아버지가 "손주라도 한 명 안겨다오"라고 하거든 "후손이란 무엇인가". "늘그막에 외로워서 그런단다"라고 하거든 "외로움이란 무엇인가". "가족끼리 이런 이야기도 못하니"라고 하거든 "가족이란 무엇인가". 정체성에 관련된 이러한 대화들은 신성한 주문이 되어 해묵은 잡귀와 같은 오지랖들을 내쫓고 당신에게 자유를 선사할 것이다. 칼럼이란 무엇인가.
                        - 김영민 서울대 교수, [사유와 성찰] 추석이란 무엇인가 - 2018. 9. 21. 경향신문 칼럼 중

[1] 본문에서 저자는 ㉠과 같은 질문을 어떠한 질문으로 보고 있는가?

[정답 및 해설] 정체성의 질문
▶ ㉠과 같은 질문에 대한 저자의 친구의 반응을 보며 저자는 그 다음 단락에서 "그 친구의 이러한 난동은 정체성의 질문이란 위기 상황에서 제기되는 것임을 잘 보여준다"고 분석하고 있다.

[2] 위의 글을 읽고 <보기>의 빈 칸들에 적절한 단어를 작성하시오.

〈 보 기 〉

　김영민 교수의 칼럼 "추석이란 무엇인가"는 사회적으로 상당히 큰 반향을 일으켰다. 우선 존재와 정체성에 대한 상당히 심도 깊은 이론을 친구와 같은 구체적인 (①)를 통해 설명함으로써 독자의 이해를 크게 돕고 있다. 또한 추석 명절과 같이 많은 사람들이 공감대를 형성하는 소재로 연결함으로써 독자에게 친근하게 다가가고 편안하게 설명하고 있다. 특히 "당숙이 "너 언제 취직할 거니"라고 물으면, "곧 하겠죠, 뭐"라고 얼버무리지 말고 "당숙이란 무엇인가"라고 대답하라. "추석 때라서 일부러 물어보는 거란다"라고 하거든, "추석이란 무엇인가"라고 대답하라."는 식으로 (②)적인 표현을 통해 현상보다 본질적인 정체성에 대한 문제의식을 가질 것을 독자에게 분명하게 강조하고 있다.

① _______________________
② _______________________

[정답 및 해설] ① 예시(사례) / ② 반복
▶ 저자는 친구의 연애편지와 같이 구체적인 사례를 통해 심도 깊은 주제를 보다 친근하게 설명하고 있으며, 마지막 단락에서 계속해서 누군가 코앞의 현상을 묻는 질문에 "~이란 무엇인가"라는 본질적인 질문으로 되물어보라는 이야기를 반복적으로 말하며 주제 의식을 강조하고 있다.

[3~4] 다음 글을 읽고 물음에 답하시오.

[앞부분 줄거리] 중국 송나라 문제 때 충신 조 승상이 이두병의 참소로 죽는다. 후에 문제가 죽고 간신 이두병이 태자의 왕위를 찬탈하자 조 승상의 아들인 조웅은 어머니와 함께 도망쳐 고난을 겪던 중 어머니를 한 절에 모신 후 세상으로 나와 한 노인을 만난다.

　"그대 이름이 웅이냐?"
　대 왈,
　"웅이옵거니와 존공은 어찌 소자의 이름을 아시나니이까?"
　노옹 왈,
　"자연 알거니와, 하늘이 보검을 주시매 임자를 찾아 전코자 하여 사해 팔방을 두루 다니더니, 수개월 전에 장성(將星)*이 강호에 비치거늘, 찾아와 수개월을 기다리되 종시 만나

지 못하매, 극히 괴이하여 밤마다 천기를 보니 강호에 떠나지 아니하고, 그대의 행색이 짝 없이 곤박하매 분명 유리걸식하는 줄 짐작하였거니와, 찾을 길이 없어 방을 써 붙이고 만나기를 기다렸나니, 그대 만남이 어찌 이리 늦은가?"
하며 칼을 내어 주거늘, 웅이 머리를 조아리며 고맙다고 인사하고 칼을 받아 보니, 길이 삼 척이 넘고 칼 가운데 금자(金字)로 새겼으되, '조웅검'이라 하였거늘, 웅이 다시 절하고 왈,
　"귀중한 보검을 거저 주시니 은혜 백골난망이라. 어찌 갚사오리이까?"
　노옹 왈,
　"그대의 보배라. 나는 전할 따름이니 어찌 은혜라 하리오?"
하고 웅을 데리고 수일을 유하고 못내 사랑하다가 이별하여 왈,
　"홀홀하거니와 그대 갈 길이 바쁘니 부디 힘써 대명(大命)을 이루게 하라."
　웅 왈,
　"어디로 가면 어진 선생을 얻어 보오리까?"
　노옹 왈,
　"이제 남방으로 칠백 리를 가면 관산이란 뫼가 있고 그 산중에 철관 도사 있나니, 정성이 지극하면 만나보려니와, 그렇지 아니하면 낭패할 것이니 각별히 살펴 선생을 정하라."
(중략)
　이때 철관 도사 산중에 그윽이 앉아 그 거동을 보더니, 벽상에 글 쓰고 감을 보고 마음에 불쌍히 여겨 급히 내려와 벽의 글을 보니, 그 글에 하였으되,

　기작십년객(幾作十年客)이 / 영견만리외(迎見萬里外)라
　몽택(夢澤)에 용유비(龍有飛)어늘 / 시성(是誠)이 미달야(未達也)라.
　(십 년을 지내 온 나그네가 / 만리 밖에서 찾아보도다.
　흐린 연못에 용이 있어 날아오르거늘 / 이 정성이 도달하지 않는구나.)

　도사 보기를 다하매 대경하여 급히 동자를 산 밖에 보내어 청하니, 웅이 동자를 보고 문 왈,
　"선생이 왔더니까?"
　동자 왈,
　"이제야 와서 청하시나이다."
　웅이 반겨 동자를 따라 들어가니 도사가 시문에 나와 웅의 손을 잡고 흔연 소 왈,
　"험난한 산길에 여러 번 고생하도다."
하고 동자로 하여금 석반을 재촉하여 주거늘 웅이 먹은 후에 치사 왈,
　"여러 날 주린 창자에 선미(善味)를 많이 먹으니 향기가 배에 가득한지라 감사하여이다."
　"그대 먹는 양을 어찌 알아서 권하였으리오?"
하고 책 두 권을 주며,
　"이 글을 보라."
하거늘, 웅이 무릎을 꿇고 펼쳐 보니 이는 성경현전(聖經賢傳)*이라. 다 본 후에 다른 책을

청하니, 도사가 웃고 육도삼략(六韜三略)*을 주기에 받아 가지고 큰 소리로 읽으니, 도사 더욱 기특히 여겨 천문도(天文圖) 한 권을 주거늘, 받아 보니 기묘한 법이 많은지라. 도사의 가르치는 술법을 배우니 의사(意思) 광활하고 눈앞의 일을 모를 것이 없더라.

일일은 석양이 서쪽으로 기울고 새들이 자려고 숲으로 들어갈 제, 광풍이 대작하며 무슨 소리 벽력같이 산악을 울리거늘 웅이 대경하여 왈,

"이곳에 어찌 짐승이 있나니까?"

한대, 도사 왈,

"다름이 아니라 내 집에 심히 늙은 암말을 두었으되 수척하여 날이 새면 산중에 놓아기르더니 하루는 천지진동하며 산중이 요란하거늘, 괴이하여 말을 찾아 마장(馬場)에 들어가니 오색구름이 만산하여 지척을 분별치 못하고 말이 없더니, 이윽하여 뇌성이 그치고 구름이 걷혀 오며 말이 몸을 적시고 정신없이 섰거늘, 진정하여 이끌고 집에 와 여물과 죽을 먹여 두었더니 새끼를 배어 낳은 후 몇 달이 못 되어 어미는 죽고 새끼는 살았으되, 사람이 임의로 이끌지 못하고 점점 자라나매 사람이 근처에 가지 못하고 날이 새면 산중에 숨고 밤이면 구유 아래 자고 새벽바람에 고함치고 가니 사람이 상할까 염려라."

하거늘, 웅이 다시 보니 높고 높은 층암절벽으로 나는 듯이 오르고 내리기는 비호(飛虎)라도 당치 못할러라. 이윽하여 들어오거늘 웅이 내달아 소리를 크게 지르니 그 말이 이윽히 보다가 머리를 들고 굽을 치며 공순하거늘 웅이 경계하여 왈,

"말이 사람과 마찬가지라. 임자를 모르는다?"

그 말이 고개를 들고 냄새를 맡으며 꼬리를 치며 반기는 듯하거늘 웅이 크게 기뻐 목을 안고 굴레를 갖추어 마구간에 매고 도사에게 청하여 왈,

"이 말의 값을 의논컨대 얼마나 하나이까?"

도사 왈,

"하늘이 용마(龍馬)를 내시매 반드시 임자 있거늘, 이는 그대의 말이라. 남의 보배를 내 어찌 값을 의논하리오? 임자 없는 말이 사람을 상할까 염려하더니, 오늘 그대에게 전하니 실로 다행이로다."

웅이 감사 배(拜) 왈,

"도덕문(道德門)에 구휼하옵신 은덕 망극하옵거늘, 또 천금준마를 주시니 은혜가 더욱 난망이로소이다."

도사 왈,

"곤궁(困窮)함도 그대의 운수요, 영귀(榮貴)함도 그대의 운수라. 어찌 나의 은혜라 하리오?"

웅이 도사를 더욱 공경하여 도업(道業)을 배우니 일 년이 지나자 신통 묘술을 배워 달통하니 진실로 괄목상대(刮目相對)러라.

- 작자 미상, 「조웅전」

*장성: 어떤 사람에게 응한 별.

*성경현전: 성인들과 현인들이 지은 책.

*육도삼략: 중국의 병서. 『육도』와 『삼략』을 아울러 이르는 말로, 중국 고대 병학(兵學)의 최고봉인 '무경칠서(武經七書)' 중 두 가지의 책.

[3] 위의 글에서 조웅이 "괄목상대"해지기까지 받은 것들은 무엇이 있는지 네 가지 이상 작
성하시오.

[답변 및 해설] 조웅검, 성경현전, 육도삼략, 천문도, (도사의) 술법, 말, 도업 등
▶ 조웅은 "한 노인"으로부터 "조웅검"이라 새겨진 보검을 받았고, "철관 도사"로부터 "성경현
  전", "육도삼략", "천문도"를 받아 읽었고, 도사의 "술법"을 배웠으며, "말"을 받기도 하였
  다. 또한 도사로부터 "도업"을 배워 "진실로 괄목상대"한 상황에 이르게 된다.

[4] 위의 글을 읽고 아래의 <보기>의 빈 칸을 채워보시오.

─────────── 〈 보 기 〉 ───────────

　의사소통 과정에서 설명과 논증을 위해 비문학적 표현이 많이 사용된다고 하나, 일상 곳
곳에서 때로는 문학적 표현을 통해 우리는 타인에게 우리의 의사를 전달하기도 한다. 문학
이 발현하는 심미성이 독자(청자)에게 공감을 일으키는 경우도 많기 때문이다.
　「조웅전」에서 조웅이 철관 도사를 만나고자 남긴 (㉠)도 일종의 문학적 표현이라고
볼 수 있다. 조웅은, "몽택(夢澤)에 용유비(龍有飛)어늘 / 시성(是誠)이 미달야(未達也)라"
라는 표현을 통해, 철관 도사를 만나고자 하는 간절함을 (㉡)적으로 말하고 있다.

[답변 및 해설] 시(글), 비유
▶ 조웅이 철관 도사를 만나고자 하였으나 만나지 못하자 그 아쉬운 마음을 벽에 남기고 가는
  데, 직접적인 아쉬움을 표현하기보다는 나그네, 용 등 비유의 대상이 될 만한 소재를 통해
  이야기하고 있다.

[5~6] 다음 글을 읽고 물음에 답하시오.

어찌 생긴 몸이 이토록 우활*한가
우활도 우활할샤 그토록 우활할샤
이봐 벗님네야 우활한 말 들어 보소
이내 젊었을 때 우활함이 그지없어
이 몸 생겨남이 금수와 다르므로
애친경형* 충군제장* 내 분수로 여겼더니
하나도 못 이루고 세월이 늦어지니
평생 우활은 날 따라 길어 간다
아침이 부족한들 저녁을 근심하며
한 칸 초가집이 비 새는 줄 알았던가
현순백결(懸鶉百結)*이 부끄러움 어이 알며
어리석고 미친 말이 미움받을 줄 알았던가

우활도 우활할샤 그토록 우활할샤
봄 산의 꽃을 보고 돌아올 줄 어이 알며
여름 정자에 잠을 들어 꿈 깰 줄 어이 알며
가을 하늘에 달 맞아 밤드는 줄 어이 알며
겨울 눈에 시흥(詩興) 겨워 추움을 어이 알리
사시가경에 어찌할 줄 모르도다
말로(末路)에 버린 몸이 무슨 일을 염려할까
세속의 시비 듣도 보도 못하거든
이 몸의 처지에 백년을 근심할까

우활할샤 우활할샤 그토록 우활할샤
아침에 누웠고 낮에도 그러하니
하늘이 준 우활을 내 설마 어이하리
그래도 애달프다 고쳐 앉아 생각하니
이 몸이 늦게 태어나 애달픈 일 많고 많다
일백 번 다시 죽어 옛사람 되고 싶네
태평성대에 잠깐이나 놀아 보면
요순* 일월(日月)을 잠시나마 쬘 것을
순박한 풍속이 경박하게 되었도다
번잡한 정회(情懷)를 누구에게 이르려는가
태산에 올라가 온 세상이나 다 바라보고 싶네
성현 살던 세상 두루 살펴 **학업 닦던 자취 보고 싶네**
주공(周公)*은 어디 가고 꿈에도 뵈지 않는가
매우 심한 나의 삶을 슬퍼한들 어이하리

만리에 눈뜨고 태고에 뜻을 두니
우활한 마음이 가고 아니 오는구나
세상에 혼자 깨어 누구에게 말을 할까
축타*의 말솜씨를 이제 배워 어이하며
송조*의 미모를 얽은 낯에 잘할는가
산에 나는 풀과 열매* 어디서 얻어먹으려뇨
미움받고 사랑받지 못함이 다 우활의 탓이로다
이리 헤아리고 저리 헤아리고 다시 헤아리니
평생의 모든 일이 우활 아닌 일 없도다
이 우활 거느리고 백년을 어이하리
아이야 잔 가득 부어라 취하여 내 우활 잊자

- 정훈, 「우활가」

*우활: 사리에 어둡고 세상 물정을 잘 모름.　　*애친경형: 어버이를 사랑하고 형을 공경함.
*충군제장: 임금에게 충성하고 어른에게 공손함.　　*현순백결: 옷이 해어져 백 군데나 기웠

다는 뜻.
*요순: 요순시대를 이름.
*주공: 주나라 문왕의 아들이자 무왕의 동생. 주나라 건국 초기에 큰 공을 세운 충신.
*축타: 위나라의 대부로서 종묘 제사를 관장하는 벼슬을 지낸 사람. 교묘한 말솜씨로 유명함.
*송조: 송나라의 공자. 엄청난 미남으로 알려짐.
*산에 나는 풀과 열매: 원문은 '우첨산초실'임. 우첨산초(右詹山草)는 옥황상제의 딸이 변한 것으로, 이 열매를 먹으면 다른 사람이 나를 좋아할 수 있게 만든다고 함.

[5] 위 시의 화자가 사람의 본분으로서 생각했던 두 가지 행동은 무엇인지 두 단어로 작성하시오.

[정답 및 해설] 애친경형, 충군제장

▶ "이 몸 생겨남이 금수와 다르므로 / 애친경형 충군제장 내 분수로 여겼더니" 구절을 통해, 동물과 다른 사람의 특성으로서 애친경형(어버이를 사랑하고 형을 공경함), 충군제장(임금에게 충성하고 어른에게 공손함)을 제시하였음을 알 수 있으며, 시의 화자는 그것을 실현하지 못한 자신의 모습을 안타깝게 생각하고 있다고 볼 수 있다.

[6] 위 시의 화자의 현재 경제적 상황을 직접적으로 보여주는 두 가지를 작성하시오.

[정답 및 해설] 한 칸 초가집, 현순백결

▶ 대체적으로 본문은 화자의 현재 정서적 상태 등을 보여주고 있으나, "한 칸 초가집"이나 "현순백결(옷이 헤어져 백 군데나 기웠다는 뜻)" 등의 표현은 경제적인 어려움을 유추해볼 수 있게 한다.

[7~8] 다음 글을 읽고 물음에 답하시오.

> (가)
> 산산이 부서진 이름이여!
> 허공중에 헤어진 이름이여!
> 불러도 주인 없는 이름이여!
> 부르다가 내가 죽을 이름이여!
>
> 심중에 남아 있는 말 한마디는
> 끝끝내 마저 하지 못하였구나.
> 사랑하던 그 사람이여!
> 사랑하던 그 사람이여!
>
> 붉은 해는 서산마루에 걸리었다.
> ㉠사슴이의 무리도 슬퍼 운다.

떨어져 나가 앉은 산 위에서
나는 그대의 이름을 부르노라.

설움에 겹도록 부르노라.
설움에 겹도록 부르노라.
부르는 소리는 비껴가지만
하늘과 땅 사이가 너무 넓구나.

선 채로 이 자리에 돌이 되어도
부르다가 내가 죽을 이름이여!
사랑하던 그 사람이여!
사랑하던 그 사람이여!

- 김소월, 「초혼(招魂)」

(나)
뭐락카노, 저편 강기슭에서
니 뭐락카노, 바람에 불려서

이승 아니믄 저승으로 떠나는 뱃머리에서
나의 목소리도 바람에 날려서

뭐락카노 뭐락카노
썩어서 동아밧줄은 삭아 내리는데

하직을 말자 하직 말자
ㄴ인연은 갈밭을 건너는 바람

뭐락카노 뭐락카노 뭐락카노
니 흰 옷자라기만 펄럭거리고……

오냐. 오냐. 오냐.
이승 아니믄 저승에서라도……

이승 아니믄 저승에서라도
인연은 갈밭을 건너는 바람

뭐락카노, 저편 ㄷ강기슭에서
니 음성은 바람에 불려서

오냐. 오냐. 오냐.
나의 목소리도 바람에 날려서.

- 박목월, 「이별가」

- 2025학년도 EBS 수능특강 국어영역 문학 82쪽~

[7] ㉠과 ㉡의 표현에 관한 <보기>를 읽고 빈 칸 ①과 ②에 들어갈 적절한 표현을 쓰시오.

< 보 기 >

　　시에서는 화자의 정서를 부각하기 위해 다양한 표현법을 구사하고 있다. 예컨대 ㉠처럼 자연물을 　①　 하여 자연물에 투영된 화자의 정서를 보여줌으로써 감정 이입을 이끌어내는 표현을 하기도 하고, ㉡처럼 비유법 중에서 　②　 을 활용하여 두 소재의 유사성을 생각하며 화자의 감정을 표출하기도 한다.

① ＿＿＿＿＿＿＿＿＿＿

② ＿＿＿＿＿＿＿＿＿＿

[정답] ① 의인화 / ② 은유법

▶ "사슴"과 같은 자연물이 사람과 같이 슬피 우는 것으로 표현하는 의인화의 표현법과, "인연은 갈밭을 건너는 바람"이라는 은유법을 본 작품들에서 살펴볼 수 있다.

[8] 제시문 (나)의 '㉢'과 같은 의미를 가진 공간을 제시문 (가)에서 찾아 작성하시오.

＿＿＿＿＿＿＿＿＿＿＿＿＿＿＿＿＿＿＿＿＿＿＿＿＿＿＿＿＿＿＿＿＿＿＿＿＿＿

[정답] 산

▶ 제시문 (나)의 화자는 "강기슭"에서 상대를 향한 그리움을 담아 외치고 있으며, 제시문 (가)의 화자도 "산"에서 상대를 향한 그리움을 담아 외치고 있다.

[9] 다음 방송자료를 보고 물음에 답하시오.

"㉠여윈 바늘 끝이 떨고 있는 한 바늘이 가리키는 방향을 믿어도 좋습니다(<떨리는 지남철> 글씨와 그림 : 신영복, 자료 : 돌베개)."
　그는 떨리는 것이 지극히 자연스러운 일이라고 말했습니다. 동그란 나침반 안에 들어 있는 지남철. 그 자석의 끝은 끊임없이 흔들리는데, 그 흔들림이야말로 가장 정확한 방향을 찾아내기 위한 고뇌의 몸짓이라는 의미. 선배 세대가 남긴, '살아감'에 대한 통찰은 그러했습니다.
"㉡정지 상태에 머물러 있으면 부패와 타락에 이르지만… 끊임없이 움직인다면 어쩌면 영원히 지속될 수 있지 않을까(올가 토카르추크 <방랑자들>)."
　폴란드 작가 올가 토카르추크 역시 끊임없이 움직이며 방황하는 존재들을 작품에 담았습니다. 삶이란 누구에게나 공평하게 불안정한 것이니 흔들리고 방황하며 실패할지라도 그는 계속 움직여야 한다고 말합니다...
- 2019. 12. 31. JTBC 뉴스룸 손석희의 앵커브리핑 947회 중 일부

[9] <보기>는 위의 방송을 시청한 시청자가 남긴 소감문이다. 빈 칸에 해당하는 것으로 적절
한 것은?

< 보 기 >

앵커의 마지막 브리핑이었다는 점에서 더욱 강한 여운을 느꼈다. 두 작가의 글을 (   )
하고 그것을 각각 풀어 설명하는 과정에서 앵커는 담담하게 그러나 반복적으로 중요한 내
용을 말하고 있었다. 이를 통해 방황할지라도 계속 방향을 찾아 흔들릴 때 비로소 우리는
살아 있는 존재가 된다는 것을 다시 한 번 깊이 느낄 수 있었다.

[정답과 해설] 인용

▶ 사람들에게 설득력 있게 이야기하는 여러 방법 중 하나로, 다른 사람의 이야기를 인용하는
  방법이 있다. 이러한 방법은 화자가 청자에게 직접 설명하는 것과 더불어 제3자도 이와 비
  슷한 입장이라는 것을 보여주는 근거가 되기도 하며, 같은 주제에 대해 주의를 환기하는
  역할을 하기도 한다.

MEMO

가천대,
약술형 논술 합격의
모든 것을 말하다

1판 1쇄 발행 2025년 06월 5일

대표 저자 한성희 **수학 저자** 최성실

편집 문서아 **마케팅·지원** 이창민

펴낸곳 하움출판사 **펴낸이** 문현광

이메일 haum1000@naver.com **홈페이지** haum.kr
블로그 blog.naver.com/haum1000 **인스타** @haum1007

ISBN 979-11-7374-088-6 (53410)